JN179571

電気回路を理解する

[第2版]

小澤 孝夫 著

ELECTRIC CIRCUITS

森北出版株式会社

● 本書のサポート情報を当社Webサイトに掲載する場合があります．
下記のURLにアクセスし，サポートの案内をご覧ください．

https://www.morikita.co.jp/support/

● 本書の内容に関するご質問は，森北出版 出版部「(書名を明記)」係宛に書面にて，もしくは下記のe-mailアドレスまでお願いします．なお，電話でのご質問には応じかねますので，あらかじめご了承ください．

editor@morikita.co.jp

● 本書により得られた情報の使用から生じるいかなる損害についても，当社および本書の著者は責任を負わないものとします．

■ 本書に記載している製品名，商標および登録商標は，各権利者に帰属します．

■ 本書を無断で複写複製（電子化を含む）することは，著作権法上での例外を除き，禁じられています．複写される場合は，そのつど事前に(一社)出版者著作権管理機構（電話03-5244-5088，FAX03-5244-5089，e-mail:info@jcopy.or.jp）の許諾を得てください．また本書を代行業者等の第三者に依頼してスキャンやデジタル化することは，たとえ個人や家庭内での利用であっても一切認められておりません．

第2版 まえがき

　この本は，理工系の大学1学年あるいは2学年の教科書，さらには参考書としても使えるよう書かれています．最近は，理工系学生でも，高等学校において物理を学習してきているとは限りません．したがって，電気回路に関する知識をまったくもっていなくても理解できるよう，きわめて基礎的なことから記述しました．

　もう一つ心がけたことは，電気回路の考え方と手法の組織的で理解しやすい提示と記述です．単に初歩的な題材にとどめるということではなく，これにより，電気回路の理解を容易にするよう努めました．このことは，また，実際的な回路解析が，コンピュータを利用して行われるようになっている工業界の現状に即したものでもあります．コンピュータのプログラム作成には，複雑な式の誘導は必要なく，問題をどのように解いていくかの道筋が重要です．具体的には，回路の素子の電圧・電流特性（オームの法則など），および素子の接続状態から得られるキルヒホフの電圧平衡式と電流保存式を出発点とし，これらを基礎として，直流回路と交流回路の定常解析および過渡解析の手法と現象を，統一的に解説しています．これにより，直流回路と交流回路の定常解析および過渡解析に共通した考え方は繰り返し述べられることにもなり，理解が深められることにもなります．

　記述面では，章節の始めに何を学ぶかを示したこと，また見出し語をできるだけ多くして，題材を一つ一つ整理して示したこと，重要なポイントをアンダーラインなどで示したこと，さらに法則や結果などを記憶しやすい言葉の式で示したことなどがあげられます．

　もちろん，手法の提示だけでは電気回路を理解できません．このため，できるだけ多くの例題と演習問題を入れています．各節の題材ごとの例題だけでなく，各章に例題だけの節を設けて，興味深い特徴ある問題を解き，電気回路の理解を深めるようにしました．

　複雑な式の誘導をはぶき，定理の証明を既刊の書にゆずることにより，約200ページというページ数の制限にもかかわらず，理工系の電気回路基礎に必要な題材はほぼすべて含めています．電気回路の教育・学習の一助となれば幸いです．

　本書は，1996年10月に昭晃堂から出版されたものが，2014年に森北出版株式会社から継続して発行されることになりました．さらに，本年，同社のご意向により，改訂されるはこびになり，新JISへの対応，2色刷りのレイアウト，説明文の改訂などによって大幅に改善されました．また，改訂には同社編集部の大きなご貢献がありました．

2015年6月

著　者

目 次

▶1章 電気回路の考え方と基礎的なことがら　1
- 1.1 電気回路の考え方 …………………………………………………… 1
- 1.2 回路素子の性質 ── 素子の電圧・電流特性 ……………………… 4
- 1.3 回路網トポロジーとキルヒホフの法則 …………………………… 8
- 1.4 回路に起こる現象 …………………………………………………… 10
- 1.5 簡単な回路解析の手法 ……………………………………………… 12
- 1.6 回路の電力 …………………………………………………………… 22
- 1.7 章末例題 ……………………………………………………………… 24
- 演習問題 ………………………………………………………………… 28

▶2章 交流回路　31
- 2.1 正弦波電圧・電流 …………………………………………………… 31
- 2.2 正弦波電圧・電流の複素数表示 …………………………………… 34
- 2.3 交流回路の複素数領域における解析法 …………………………… 38
- 2.4 簡単な回路の正弦波定常解析 ……………………………………… 41
- 2.5 複素インピーダンスと複素アドミタンス ………………………… 44
- 2.6 フェーザ図 …………………………………………………………… 50
- 2.7 共振回路 ……………………………………………………………… 55
- 2.8 交流回路における電力 ……………………………………………… 60
- 2.9 章末例題 ……………………………………………………………… 65
- 演習問題 ………………………………………………………………… 73

▶3章 回路の諸定理　76
- 3.1 回路の基本的性質 …………………………………………………… 76
- 3.2 重ね合わせの理 ……………………………………………………… 77
- 3.3 テブナン等価回路とノートン等価回路 …………………………… 80
- 3.4 相反定理 ……………………………………………………………… 83

3.5	Δ-Y 変換	85
3.6	ブリッジ回路	90
3.7	整合（マッチング）	93
3.8	電力と重ね合わせの理	97
3.9	章末例題	101
	演習問題	105

▶ 4 章　回路の定常解析　　108

4.1	節点解析	108
4.2	網目解析	114
4.3	その他の解析法	119
4.4	章末例題	121
	演習問題	125

▶ 5 章　相互結合素子を含む回路　　127

5.1	相互誘導回路	127
5.2	相互誘導回路を含む回路の正弦波定常解析	129
5.3	理想変成器	132
5.4	制御電源	136
5.5	章末例題	139
	演習問題	143

▶ 6 章　2 端子対回路　　144

6.1	2 端子対回路の考え方	144
6.2	アドミタンス行列とインピーダンス行列（Y 行列と Z 行列）	145
6.3	ハイブリッド行列（H 行列）	150
6.4	4 端子行列（縦続行列，F 行列）	151
6.5	章末例題	155
	演習問題	158

▶ 7 章　回路の周波数特性　　160

7.1	ひずみ波	160
7.2	フィルタ	164
7.3	章末例題	166

演習問題 ………………………………………………………………………… 167

▶ 8章　回路の過渡現象と過渡解析　169
8.1　過渡現象に関する基礎的なことがら …………………………………… 169
8.2　ラプラス変換 ……………………………………………………………… 173
8.3　ラプラス変換を用いた回路の過渡解析 ………………………………… 179
8.4　過渡現象の節点解析と網目解析 ………………………………………… 185
8.5　章末例題 …………………………………………………………………… 188
演習問題 ………………………………………………………………………… 191

▶ 演習問題略解　193

▶ 索　引　197

1章
電気回路の考え方と基礎的なことがら

　現代社会にはさまざまな電気機器・電子機器があり，人々の生活を豊かにしている．多くの電気機器・電子機器に使用されている電気回路・電子回路は非常に複雑で，これらを取り扱う回路の理論と手法も高度に発達してきているが，このような理論と手法も，基礎がわかっていれば意外と容易に理解できる．この章では，電気回路ではどのように問題を解いていくかに重点をおいて，電気回路の考え方と基礎的なことがらを解説する．

1.1　電気回路の考え方

　この節では，電気回路では，どのように問題を解いていくのかを簡単な回路の例題によって解説する．

▶ **豆電球の問題**：図 1.1.1 は，電池に豆電球をつないだ簡単な電気回路である．電池と豆電球は，回路の**素子**とよばれるが，一般に，このようにいくつかの素子を接続したものが**回路**である．同図の (a) と (b) では，使われている素子は同じであるが，その個数と接続の仕方が異なる．このような回路で

　　　「どの豆電球がもっとも明るくて，どの豆電球がもっとも暗いか」

を考えてみよう．

　豆電球では，電気エネルギーが熱エネルギーに変わり，さらに熱エネルギーが光エネ

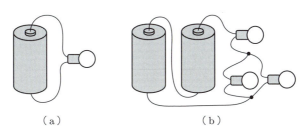

図 1.1.1　豆電球の問題

ルギーに変わっていて，豆電球で消費される電気エネルギーが大きいほど，豆電球は明るく光る．それゆえ，問題に答えるためには，豆電球で消費される電気エネルギーを計算する必要がある．単位時間（1秒）ごとの電気エネルギーは**電力**とよばれる．豆電球で消費される電力は豆電球の電圧と電流の積で与えられるので，問題に答えるためには，豆電球の電圧と電流を求めればよいことになる．

▶ **モデル化**： 電池と豆電球は現実に存在する回路素子であるが，豆電球の電圧と電流を求めようとすると，計算に便利なように，これらの現実の素子を理想化した素子に置き換える必要がある．これを素子の**モデル化**という．図1.1.1をモデル化すると，図1.1.2に示すような**直流電圧源**と**抵抗**を接続したものとなり，電池は直流電圧源 E と内部抵抗 R_s，豆電球は抵抗 R で置き換えられる．豆電球の問題を解くためには，図1.1.1の代わりに，それがモデル化された図1.1.2を考えることになる．このようにモデル化された電気回路を示す図は**回路図**とよばれる．これから以後は，回路図によって示された回路を考える．

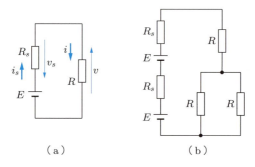

図 1.1.2　豆電球の問題の回路図

▶ **豆電球の問題の解き方**： 問題では明確に述べられていなかったが，図1.1.2の回路でわかっている（与えられている）のは，直流電圧源 E の電圧（これも E と記す），抵抗 R_s の抵抗値（これも R_s と記す）および抵抗 R の抵抗値（これも R と記す）であり，これらから抵抗 R の電圧と電流を求め，さらに，抵抗 R での消費電力を求めようとしているのである．その手順は次のようになる．

解析手順

Step 1　抵抗 R の電圧を v，電流を i，抵抗 R_s の電圧を v_s，電流を i_s と記す．これらに対しては，オームの法則から，

$$v = Ri, \quad v_s = R_s i_s \tag{1.1.1}$$

Step 2　図 1.1.2(a) の回路では，抵抗 R の電圧と抵抗 R_s の電圧を加えたものが電圧源電圧 E に等しく，また，抵抗 R_s の電流 i_s が抵抗 R の電流 i に等しくなる．つまり，

$$v_s + v = E, \qquad i_s = i \tag{1.1.2}$$

が成立する．

Step 3　式 (1.1.1) と式 (1.1.2) とから $(R_s + R)i = E$ が得られるので，この式から抵抗 R の電流 i を求め，さらに式 (1.1.1) を用いて抵抗 R の電圧 v を求める．

Step 4　抵抗 R の消費電力 p を

$$p = vi \tag{1.1.3}$$

から計算する．

Step 5　図 1.1.2(b) の回路について考えてみると，抵抗に対するオームの法則から得られる式は，式 (1.1.1) と同様であるが，回路の素子の接続状態が図 1.1.1 と異なるので，式 (1.1.2) とは異なった式が得られる．それらの式を解いて，三つの抵抗 R のそれぞれの電圧と電流を求める．さらに，三つの抵抗 R のそれぞれの消費電力を計算する（例題 1.6.2 参照）．

Step 6　Step 4 と Step 5 での計算から，消費電力が一番大きい抵抗と一番小さい抵抗を求め，それらに対応する豆電球を問題の答えとする．

▶ **回路解析**：電気回路で取り上げられる典型的な問題の一つは，上の例で示したような「回路の素子および素子と素子の間の接続状態を与え，回路内の電圧や電流，さらには電力を求めよ」というものである．このような問題を解くのは，**回路解析**といわれる．

回路の素子については，抵抗ならその抵抗値が与えられるのであるが，抵抗値からは，抵抗の電圧と電流の間にある関係式が得られる．一般に，素子の電圧と電流がどのようになっているかを素子の**電圧・電流特性**という．抵抗については，上の Step 1 において示したように，**オームの法則**から得られる式 (1.1.1) が電圧・電流特性である．

回路の素子と素子の間の接続状態は**回路網トポロジー**といわれる．回路網トポロジーに応じて，素子の電圧間の関係式と電流間の関係式がそれぞれ**キルヒホフの電圧平衡則**（Kirchhoff's voltage law，略して KVL）と**キルヒホフの電流保存則**（Kirchhoff's current law，略して KCL）を用いて導かれる．電圧間の関係式は **KVL 方程式**，電流間の関係式は **KCL 方程式**とよばれる．上の Step 2 における式 (1.1.2) は KVL 方程式と KCL 方程式である．

　結局，素子の電圧・電流特性を与える方程式 (Step 1) に加え，KVL 方程式と KCL 方程式 (Step 2) を連立させて解くことにより，素子の電圧や電流を求め (Step 3)，さらには電力などを求める (Step 4) のが回路解析ということになる．

▶ **回路解析の手法**：回路解析の基本となる方程式は，上述のように，素子の電圧・電流特性式，および KVL 方程式と KCL 方程式であるが，いつもこれらの方程式から出発して電圧や電流を計算するのでは大変手間がかかる．それゆえ，回路解析を簡単にするための手法がいくつも確立されている．また，電圧や電流を求めるだけでなく，回路の性質を明らかにするということも重要であり，そのための手法も必要である．1.5 節では，それらの手法を解説する．

1.2　回路素子の性質──素子の電圧・電流特性

　この節では，回路を構成する基本的な素子である抵抗，キャパシタ，インダクタ，さらに電圧源と電流源の電圧・電流特性について述べる．なお，電圧の単位は**ボルト** (volt, V)，電流の単位は**アンペア** (ampere, A) である．

▶ **電圧と電流の方向**：電圧や電流を v や i のような変数（記号）で表そうとするときには，その方向を選んでおかなければならない．電圧は端子間に定義されるので，図 1.2.1 のように，一つの端子からもう一方の端子に向かう矢印で電圧の方向を示す．この際，変数 v は，矢印の根元にある端子 a' を基準とした端子 a の電圧を示すことになる．直流電圧の場合は，矢印の代わりにプラス "+"（矢印の先）とマイナス "−"（矢印の根）を用いてもよい．この際，変数 v に対するプラス・マイナスと実際の電圧の値のプラス・マイナスは，一致する必要はなく，逆なら，$v = -5$ などのように，v の値は負となる．矢印で方向を示した場合も同様で，電圧 v に対して選んだ方向と実際の電圧の方向が逆なら，v の値は負となる．

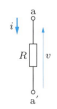

図 1.2.1　抵抗

電流の方向も，図 1.2.1 のように矢印で示す．電流の場合も，電流 i の方向として選んだものが実際に流れる電流の方向と逆なら，$i = -2$ などのように，i は負の値をとる．

▶ **抵　抗**：抵抗の電圧・電流特性は，オームの法則によって与えられる．図 1.2.1 に示すように，抵抗 R の電圧を v，電流を i とすると，オームの法則は

$$v = Ri \tag{1.2.1}$$

と表される．ここに，R は**抵抗値**で，その単位は**オーム** (ohm, Ω) である．なお，素子としての抵抗とその抵抗値とを同じ記号で示すのが通常で，図 1.2.1 の R は抵抗と抵抗値の両方を表すことになる．ほかの素子についても同様である．

式 (1.2.1) は次のようにも書ける．

$$i = Gv \tag{1.2.2}$$

この式における G は**コンダクタンス** (conductance) とよばれ，

$$G = \frac{1}{R} \tag{1.2.3}$$

である．コンダクタンスの単位は**ジーメンス** (siemens, S) である．

オームの法則を表す式 (1.2.1) あるいは式 (1.2.2) に関してとくに注意しなければならないのは，電圧と電流の相対的な方向である．式 (1.2.1) あるいは式 (1.2.2) において，R や G の値を正とするなら，電圧 v と電流 i の方向は図 1.2.1 に示すように選んでおかなければならない．電流の方向だけ，あるいは電圧の方向だけを図 1.2.1 のそれと逆にすれば，$v = -Ri$ という式を用いることになる．

> **例題 1.2.1**　図 1.2.2 の回路のように，電流 i が 3 個の抵抗を通って端子 a から端子 a' に流れるとき，抵抗 R_1, R_2, R_3 の電圧 v_1, v_2, v_3 を与える式を示せ．
> **解**　電圧と電流の方向を考えて，
>
> $$v_1 = R_1 i, \quad v_2 = -R_2 i, \quad v_3 = -R_3 i \tag{1.2.4}$$
>
> が得られる．

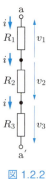

図 1.2.2

▶ **キャパシタ**：キャパシタは，電荷を蓄える平行電極板をモデル化したものである．図 1.2.3 に示すように，キャパシタに蓄えられた電荷を q，キャパシタの電圧を v，電流を i とすると，

$$q = Cv, \qquad i = \frac{dq}{dt} \tag{1.2.5}$$

であり，キャパシタの電圧・電流特性は

$$i = C\frac{dv}{dt} \tag{1.2.6}$$

となる．ここに C は**キャパシタンス** (capacitance) で，その単位は**ファラッド** (farad, F) である．C が正の値をとるとすると，式 (1.2.6) が成立するのは，電圧と電流の方向を図 1.2.3 のように選んだときで，電圧あるいは電流の方向を逆に選ぶと，式 (1.2.6) の右辺にマイナス符号が必要になる．

▶ **インダクタ**：インダクタは電線を巻いてつくったコイルをモデル化したものである．図 1.2.4 に示すように，インダクタにつくられる鎖交磁束を ϕ，インダクタの電圧を v，電流を i とすると，

$$\phi = Li, \qquad v = \frac{d\phi}{dt} \tag{1.2.7}$$

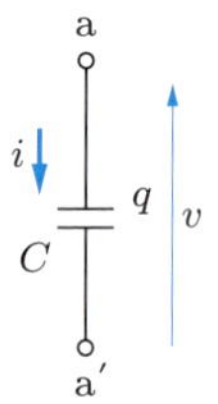

図 1.2.3　キャパシタ 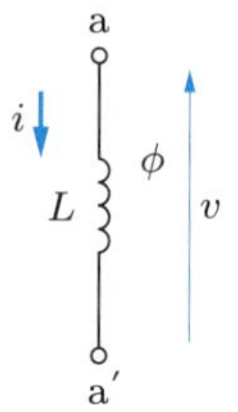　　　図 1.2.4　インダクタ

であり，インダクタの電圧・電流特性は

$$v = L\frac{\mathrm{d}i}{\mathrm{d}t} \tag{1.2.8}$$

となる．ここに L は**インダクタンス** (inductance) で，その単位は**ヘンリー** (henry, H) である．L が正の値をとるとすると，式 (1.2.8) が成立するのは，電圧と電流の方向を図 1.2.4 のように選んだときで，電圧あるいは電流の方向を逆に選ぶと，式 (1.2.8) の右辺にマイナス符号が必要になる．

▶ **電圧源**：電圧源は，その端子間にどのような素子あるいは回路が接続されても，端子間の電圧が常に決められた値に保たれるという素子である．電圧源に流れる電流は，その端子間に接続される素子あるいは回路によって決まってくる．**直流電圧源**（決められた電圧の値が一定で $v = E$，直流：DC）は図 1.2.5(a)，**交流電圧源**（決められた電圧の値が正弦波で $v = A\sin(\omega t + \theta)$，交流：AC）は同図 (b) のように描かれる．

▶ **電流源**：電流源は，その端子間にどのような素子あるいは回路が接続されても，端子間の電流が常に決められた値に保たれるという素子である．電流源の端子間電圧は，その端子間に接続される素子あるいは回路によって決まってくる．電流源の場合は，**直流電流源**も**交流電流源**も図 1.2.6 のように描かれる．丸のなかの矢印が電流の方向を示している．

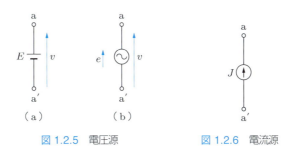

図 1.2.5　電圧源　　　　　　　図 1.2.6　電流源

例題 1.2.2　図 1.2.7 の回路において，$J = 2\,\mathrm{A}$ とする．$R = 3\,\Omega$，$R = 5\,\Omega$ のそれぞれのときに生じる抵抗の電圧 v と電流源の電圧を求めよ．

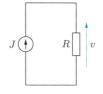

図 1.2.7

解　電流源 J のために抵抗 R には，強制的に $2\,\mathrm{A}$ の電流が流れる．したがって，$R = 3\,\Omega$ のときに生じる抵抗の電圧は，式 (1.2.1) から $v = 3 \times 2 = 6\,\mathrm{V}$ である．また，$R = 5\,\Omega$

のときに生じる抵抗の電圧は，$v = 5 \times 2 = 10\,\text{V}$ である．電流源の電圧は抵抗の電圧 v に等しい．

1.3　回路網トポロジーとキルヒホフの法則

この節では回路の素子間の接続，すなわち回路網トポロジーについて考えよう．とりわけ，回路網トポロジーが与えられたとき，キルヒホフの法則をどのように適用すればよいのかを述べる．

▶ **接　続**：回路図において，素子と素子の間の接続は素子間を結ぶ**線**で示され，接続点は**節点**とよばれる．ただし，2 個の素子を接続する節点は，図に描かれないことが多い．たとえば，図 1.3.1 の回路において a，b，c は節点である．接続線上は電位，すなわち一つの固定した基準端子（通常，回路における**接地点**，図 1.3.1 では節点 a）からの電圧が等しい．つまり，素子は等電位な線で結ばれているのである．回路図においては，図 1.3.1 に示すように，節点と節点の間，線と節点の間，線と線の間に電圧を定義する．また，線にはどのような大きさの電流も流れえると考える．これらの性質は，実際の電線のもつ性質を理想化したものである．

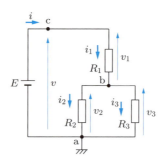

図 1.3.1　回路例

▶ **キルヒホフの電圧平衡則**：図 1.3.1 の回路において，素子電圧 v，v_1，v_2，v_3 を図に示すように定義する．節点 a から出発して $v \to v_1 \to v_2$ のようにたどる（電圧の方向は無視する）と，出発した節点 a へもどってくる．このような電圧は**閉路**を構成しているという．キルヒホフの電圧平衡則は，このような閉路を構成する電圧の間の関係を与える．図 1.3.2 は回路に含まれる閉路を取り出して描いたものであるが，このような閉路を右回りに回るとき，それと同じ方向に定義された電圧を**右回り方向電圧**，逆の方向に定義された電圧を**左回り方向電圧**とよぶことにする．図 1.3.2 では，v_1 と v_4 が右回り方向，v_2，v_3，v_5 が左回り方向の電圧である．すると，キルヒホフの電圧平衡則から得られる **KVL 方程式**は次のようになる．

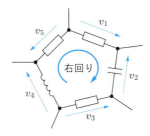

図 1.3.2　閉路と電圧

右回り方向電圧の総和 = 左回り方向電圧の総和　(1.3.1)

上式は，その両辺の 2 組の電圧が平衡することを示している．図 1.3.2 では，

$$v_1 + v_4 = v_2 + v_3 + v_5 \tag{1.3.2}$$

となる．

▶ **キルヒホフの電流保存則**：図 1.3.1 における節点 b には電流 i_1 が流れ込み，電流 i_2 と i_3 が流れ出している．このような回路に含まれる節点を取り出して描くと，図 1.3.3 のようになる．この図においては，電流 i_1 と i_4 は節点に**流入する電流**，i_2, i_3, i_5 は節点から**流出する電流**である．キルヒホフの電流保存則は節点において電流が保存されることを示し，**KCL 方程式**は

節点流入電流の総和 = 節点流出電流の総和　(1.3.3)

のように記述される．図 1.3.3 については次式が成立する．

$$i_1 + i_4 = i_2 + i_3 + i_5 \tag{1.3.4}$$

式 (1.3.1) と式 (1.3.3) は，いずれも変数として定義された電圧あるいは電流に対して成立する式であり，たとえば，流入電流のみが存在する節点においては，$i_1 + i_2 + i_3 = 0$ というような KCL 方程式が得られる．このような式における実際の電流の値には，一

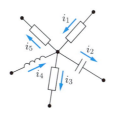

図 1.3.3　節点と電流

般に正のものと負のものとが存在し，その総和が 0 であるということ ($2+3-5=0$ のように．特別な場合としては $i_1 = i_2 = i_3 = 0$) になる．

> **例題 1.3.1** 図 1.3.1 に対して成立する KVL 方程式と KCL 方程式を列挙せよ．
> **解** KVL 方程式は
> $$v = v_1 + v_2, \quad v_2 = v_3, \quad (v = v_1 + v_3) \tag{1.3.5}$$
> など，KCL 方程式は
> $$i = i_1, \quad i_1 = i_2 + i_3, \quad (i = i_2 + i_3) \tag{1.3.6}$$
> などである．

例題 1.3.1 においては，式 (1.3.5), (1.3.6) の (　) 内に示した式は，その前二つの式から導かれ，余分な式である．余分な式を含まない KVL 方程式と KCL 方程式をどのようにして導くかが問題であるが，基準点を除く節点にキルヒホフの電流保存則を適用すると，無駄のない KCL 方程式の組が得られる．回路に対する方程式を組織的に導く方法は，4 章に述べる．

1.4 回路に起こる現象

回路解析では，**回路の現象**，つまり素子の電圧や電流などの時間的変化の様子を**過渡現象**と**定常現象**とに分け，それぞれに適した手法を用いるようにしている．この節では，過渡現象と定常現象について簡単に解説する．なお，電圧や電流の変化を引き起こすことを**励振**するというが，回路の現象は，回路を励振する電源が直流電源であるか交流電源であるかによってもかなり異なる．励振電源が直流である回路を**直流回路**，交流である回路を**交流回路**という．

▶ **過渡現象**：通常，回路の現象は回路に電源を接続することによって始まる（励振の開始）．図 1.4.1 の回路において S は**スイッチ**で，同図 (a) はスイッチが開いた状態の回路を，同図 (b) はこれを閉じて電圧源を右側の回路に接続した後の回路を示している．電圧源の接続により，素子の電圧や電流の変化が始まる．同図 (c) は，キャパシタの電圧の時間的変化を示しているが，時間の原点 $t=0$ をスイッチを閉じた時刻に一致させている．この図からわかるように，スイッチを閉じた後，$0 < t < T$ の間はキャパシタ電圧が変化しているが，その後はほぼ一定値に落ち着く．キャパシタの電流，抵抗の電圧や電流なども同様である．この例のように，スイッチを入れた後のし

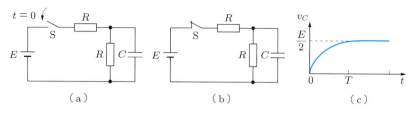

図 1.4.1 過渡現象

ばらくの間に起こる現象を**過渡現象**という．図 1.4.1 の回路は，$0 < t < T$ において過渡状態にあるとみられる．過渡現象を求める回路解析は過渡解析とよばれる．**過渡解析**では，通常，スイッチを開閉した時刻を時間の原点 $t = 0$ に選ぶ．

▶ **定常現象**：過渡現象が終わった後，回路の電圧や電流が一定値となるか，あるいは同じ波形を繰り返すようになると，回路は**定常状態**にあるといい，定常状態で起こる現象が**定常現象**である．図 1.4.1(b) の回路は，$t > T$ において定常状態にあると考えられる．

定常現象を示すときの時間の原点 $t = 0$ は，過渡現象におけるそれとは別に，定常現象を表しやすいようにとりなおすのが通常である．また，一度決めた時間の原点を適宜とりなおすこともある．たとえば，図 1.4.2(a) は，正弦波形をもつ電圧を $\sin t$ として示しているが，$\tau = t - \pi/2$ として，時間の原点を移動し，同図 (b) のように $\cos \tau$ として表示しても，同じ現象を表していると解釈する．交流回路の場合，通常，回路を励振する電圧源あるいは電流源の波形を基準とした時間軸を選ぶ．

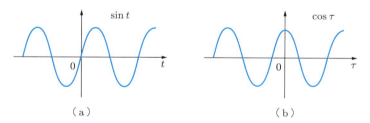

図 1.4.2 時間原点の移動

直流電源で励振された回路の定常状態では，素子の電圧も電流も一定なので，

$$\frac{dv}{dt} = 0, \quad \frac{di}{dt} = 0 \tag{1.4.1}$$

である．したがって，式 (1.2.6)，(1.2.8) から，直流回路の定常状態では，

$$\text{キャパシタの電流} = 0, \quad \text{インダクタの電圧} = 0 \tag{1.4.2}$$

例題 1.4.1 図 1.4.3 の回路の定常状態において，キャパシタの電圧 v とインダクタ L に流れる電流 i を求めよ．

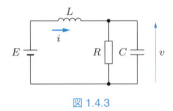

図 1.4.3

解 式 (1.4.2) を考慮すると，抵抗 R の電圧は E で，これはキャパシタの電圧 v に等しい．また，抵抗 R に流れる．電流は E/R であり，これはインダクタ L に流れる電流 i に等しい．

1.5 簡単な回路解析の手法

1.1 節に述べたように，回路解析の基本は，素子の電圧・電流特性を表す式と，キルヒホフの法則から得られる方程式（KVL 方程式および KCL 方程式）とを連立させて解き，目的とする電圧，電流，電力などを求めるということであるが，いつもこれらの式から出発して解析するのは面倒なことが多い．それゆえ，回路解析のための手法がいろいろ考えられている．その一つはいくつかの素子をまとめて取り扱おうというものである．また，回路の電源を個別に考えようという手法もある．この節では，これらの手法の簡単なものについて解説する．

▶ **合成抵抗**：回路解析では，いくつかの抵抗をまとめて一つの抵抗として扱えることが多い．まとめられた抵抗を**合成抵抗**とよぶ．

図 1.5.1 の回路は 3 個の抵抗からなるが，R_1 と R_2，R_2 と R_3 はそれぞれ一つの端子を共有していて，かつこれらの端子にはほかの素子がつながれていない．このような素子の接続の仕方を**直列接続**という．直列接続された素子に流れる電流は共通（同じ値）である．図のように，3 個の抵抗に共通な電流を i，抵抗 R_1, R_2, R_3 の電圧をそれぞれ v_1, v_2, v_3，また，端子 a と端子 a′ 間の電圧を v とする．電圧 v_1, v_2, v_3, v は閉路を構成し，キルヒホフの電圧平衡則から

$$v_1 + v_2 + v_3 = v \tag{1.5.1}$$

である．これに素子特性（オームの法則）を代入すると，

$$R_1 i + R_2 i + R_3 i = (R_1 + R_2 + R_3)i = v \tag{1.5.2}$$

となる．3個の抵抗からなる合成抵抗の抵抗値を R とすると，

$$R = \frac{v}{i} = R_1 + R_2 + R_3 \tag{1.5.3}$$

が得られる．いくつかの抵抗の直列接続についても同様に考えて，一般に

合成抵抗の抵抗値 = それぞれの抵抗の抵抗値の総和 (1.5.4)

となる．

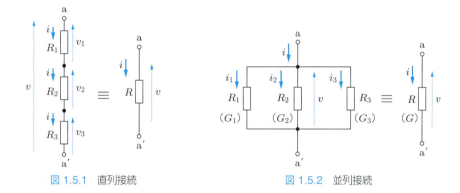

図 1.5.1 直列接続 　　　図 1.5.2 並列接続

図 1.5.2 の回路は，やはり3個の抵抗からなるが，3個の抵抗が両端子を共有している．このような素子の接続の仕方を**並列接続**という．並列接続された素子の電圧は共通（同じ）である．図のように，3個の抵抗に共通な電圧を v，抵抗 R_1，R_2，R_3 の電流をそれぞれ i_1，i_2，i_3，また，端子 a から端子 a' へ流れる電流を i とする．電流 i_1，i_2，i_3，i については，キルヒホッフの電流保存則から

$$i_1 + i_2 + i_3 = i \tag{1.5.5}$$

である．抵抗 R_1，R_2，R_3 のコンダクタンスをそれぞれ G_1，G_2，G_3 とすると，素子特性（式 (1.2.2) 参照）を代入した式は，

$$G_1 v + G_2 v + G_3 v = (G_1 + G_2 + G_3)v = i \tag{1.5.6}$$

となる．3個の抵抗からなる合成抵抗のコンダクタンスを G とすると，

$$G = \frac{i}{v} = G_1 + G_2 + G_3 \tag{1.5.7}$$

が得られる．いくつかの抵抗の並列接続についても同様に考えて，一般に

合成抵抗のコンダクタンス
＝ それぞれの抵抗のコンダクタンスの総和 (1.5.8)

となる．とくに，2個の抵抗の並列接続の場合，合成抵抗値は次式で与えられる．

$$R = \frac{R_1 R_2}{R_1 + R_2} = \frac{抵抗値の積}{抵抗値の和} \tag{1.5.9}$$

例題 1.5.1 図 1.5.3 は，はしご型回路とよばれる回路である．この回路の合成抵抗を求めよ．

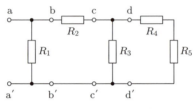

図 1.5.3　はしご型回路

解 このような回路の合成抵抗は，式 (1.5.4) と式 (1.5.8) を組み合わせて求められる．まず，端子対 d-d′ から右側の回路を見ると，抵抗 R_4 と R_5 は直列接続されているので，これらの合成抵抗の抵抗値を R_d とすると，

$$R_d = R_4 + R_5 \tag{1.5.10}$$

である．次に，図 1.5.4(a) に示すように，端子対 d-d′ から右側の回路を抵抗 R_d で置き換えると，R_3 と R_d が並列接続されることになるので，これらの合成抵抗の抵抗値を R_c，そのコンダクタンスを G_c とすれば，

$$G_c = G_3 + G_d \tag{1.5.11}$$

となる．ただし，

$$G_3 = \frac{1}{R_3}, \qquad G_d = \frac{1}{R_d} \tag{1.5.12}$$

である．さらに，図 1.5.4(b) に示すように，端子対 c-c′ から右側の回路を抵抗 R_c で置き換えると，R_2 と R_c が直列接続されることになるので，これらの合成抵抗の抵抗値を R_b とすれば，

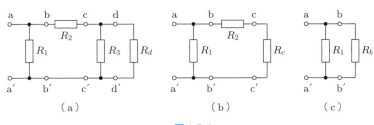

図 1.5.4

$$R_b = R_2 + R_c \qquad (1.5.13)$$

である．最後に，端子対 b-b' から右側の回路を抵抗 R_b で置き換えると，図 1.5.4(c) のように R_1 と R_b が並列接続されることになるので，これらの合成抵抗の抵抗値を R_a，そのコンダクタンスを G_a とすれば，

$$G_a = G_1 + G_b \qquad (1.5.14)$$

となる．ただし，

$$G_1 = \frac{1}{R_1}, \qquad G_b = \frac{1}{R_b}, \qquad G_a = \frac{1}{R_a} \quad \left(R_a = \frac{1}{G_a}\right) \qquad (1.5.15)$$

である．端子対 a-a' から右側の回路は，コンダクタンス G_a をもつ抵抗 R_a で置き換えられることになる．具体的な抵抗値が与えられれば，式 (1.5.10)～(1.5.15) を用いて，合成抵抗値あるいはコンダクタンスを順次計算できる．

▶ **1 端子対回路と 2 端子対回路**： 合成抵抗やはしご型回路の例で示したように，端子対で切り離すと，残りの回路から分けられるような部分をひとまとめにして考えると便利なことが多い．図 1.5.3 の端子対 c-c' から右側の回路などはその例である．このような部分回路は，**1 端子対回路**あるいは **2 端子回路**とよばれ，図 1.5.5 のように表される．また，たとえば R_c は，端子対 c-c' から右側を見た回路の抵抗などといわれる．

これに対し，たとえば端子対 a-a' と端子対 c-c' の間の回路は，端子対を 2 個もつので，**2 端子対回路**とよばれ，図 1.5.6 のように表される．

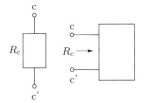

図 1.5.5　1 端子対回路

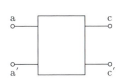

図 1.5.6　2 端子対回路

1端子対回路や2端子対回路は，回路の一部分を取り出したものであるから，通常，図に描かれていなくても，その端子対には，ほかの部分回路が接続されているものと考える．それゆえ，図では開放されているかのように見える端子対にも，流れる電流が存在するものと考える．したがって，本当に端子対が開放されているときには，そのことを明示するのがよい．

▶ **重ね合わせの理**：回路に複数個の電源が存在する場合，それらの電源を個別に含む回路を考えて，素子の電圧や電流を求め，得られた結果を加え合わせて，もとの回路の素子の電圧や電流とすることができる．これを**重ね合わせの理**という．個別の電源を含む回路をつくるとき，注目している電源以外の電圧源は短絡除去し，電流源は開放除去する．抵抗，キャパシタ，インダクタなど，電源以外の素子はそのまま残すのであるが，それらの電圧や電流の方向は，もとの回路で定めた方向をそのまま残す．

3個以上の電源がある場合，電源を1個ずつ含む回路を必ずつくらなければならないというわけではない．たとえば，3個の電源を含む回路からは，2個の電源を含む回路と1個の電源を含む回路をつくり，それらの回路で解析を進めてもかまわない．2個の電源を含む回路の解析がすでにすんでいるような場合，このような電源の分け方がよいことになる．

例題 1.5.2 図 1.5.7 の回路において，抵抗 R_1 に流れる電流 i_1 を求めよ．

解 図 1.5.7 の回路の電源を個別に含む回路は，それぞれ図 1.5.8(a), (b) のようになる．図 1.5.8(a) では電流源 J が開放除去され，同図 (b) では電圧源 E が短絡除去されている．まず，図 1.5.8(a) では，抵抗 R_1 と R_2 が直列接続されているので，これらの合成抵抗は $R_1 + R_2$ であり，合成抵抗に流れる電流を i とすると，

$$i = \frac{E}{R_1 + R_2} \tag{1.5.16}$$

となる．R_1 に流れる電流を i_{11} とすると，i_{11} はこの合成抵抗に流れる電流 i に等しい．次に，図 1.5.8(b) では抵抗 R_1 と R_2 が並列接続されているので，これらの合成抵抗は $R_1 R_2/(R_1 + R_2)$ であり，この合成抵抗に電流 J が流れるので，合成抵抗の電圧を v とすると，

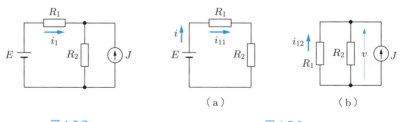

図 1.5.7　　　　　　　　　　　図 1.5.8

$$v = \frac{R_1 R_2 J}{R_1 + R_2} \tag{1.5.17}$$

となる．抵抗 R_1 の電圧は，この合成抵抗の電圧に等しい．抵抗 R_1 の電流を i_{12} とすると，電流と電圧の方向を考慮して，

$$i_{12} = -\frac{v}{R_1} = -\frac{R_2 J}{R_1 + R_2} \tag{1.5.18}$$

となる．もとの図 1.5.7 の回路において抵抗 R_1 に流れる電流 i_1 は，重ね合わせの理から，

$$i_1 = i_{11} + i_{12} = \frac{E}{R_1 + R_2} - \frac{R_2 J}{R_1 + R_2} \tag{1.5.19}$$

となる．

▶ **テブナン等価回路**： 図 1.5.9 に示すように，電源と抵抗とから構成される 1 端子対回路 N は，1 個の電圧源と 1 個の抵抗を直列接続した回路に置き換えることができる．この置き換えで得られた回路を，回路 N の**テブナン等価回路**という．この等価回路は，端子対における電圧・電流特性が回路 N と等しく，

電圧源の電圧 E_T

= 回路 N の端子対 a-a′ から右側を開放したとき，N の端子 a-a′

に現れる電圧 (1.5.20)

抵抗の抵抗値 R_T

= 回路 N に含まれる電圧源を短絡除去，電流源を開放除去して得ら

れる回路の端子対 a-a′ から見た抵抗値 (1.5.21)

のように与えられる．

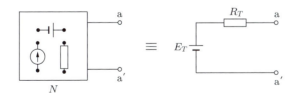

図 1.5.9 テブナン等価回路

例題 1.5.3 図 1.5.10 に示す回路の端子対 a-a′ より左の部分の回路に対するテブナン等価回路を求めよ．また，抵抗 R に流れる電流を求めよ．さらに，抵抗 R の代わりに，図 1.5.3 の回路の端子対 b-b′ より右の回路が接続されたときに，抵抗 R_2 に流れる電流を求めよ．

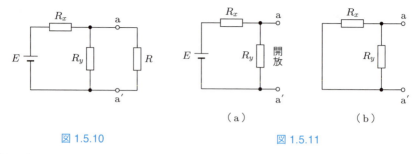

図 1.5.10 　　　　　　　　図 1.5.11

解　端子対 a-a′ より右の部分の回路を開放除去すると，図 1.5.11(a) が得られる．この回路の端子対 a-a′ に現れる電圧は，次のように計算できる．まず，抵抗 R_x と R_y に流れる電流 i は

$$i = \frac{E}{R_x + R_y} \tag{1.5.22}$$

である．この電流 i が流れる抵抗 R_y には

$$E_T = R_y i = \frac{R_y E}{R_x + R_y} \tag{1.5.23}$$

である電圧が生じ，これがテブナン等価回路の電圧源電圧である．次に，電圧源 E を短絡除去して得られる回路は図 1.5.11(b) に示される．この回路の端子対 a-a′ から見た抵抗値は，式 (1.5.9) から

$$R_T = \frac{R_x R_y}{R_x + R_y} \tag{1.5.24}$$

であり，これがテブナン等価回路の抵抗の値である．テブナン等価回路の端子対 a-a′ に抵抗 R をつなぐと，図 1.5.12(a) のように，R_T と R の直列接続が電圧源 E_T につながれることになり，R に流れる電流 i_R は

$$i_R = \frac{E_T}{R_T + R} \tag{1.5.25}$$

となる．さらに，端子対 a-a′ に図 1.5.3 の回路の端子対 b-b′ より右の回路が接続されると，接続された回路の合成抵抗は R_b であるから，図 1.5.12(b) のように，R_T と R_b の直列接続が電圧源 E_T につながれることになる．端子 b へ流入する電流は，

$$i_b = \frac{E_T}{R_T + R_b} \tag{1.5.26}$$

となり，この電流 i_b が R_2 に流れる電流である．

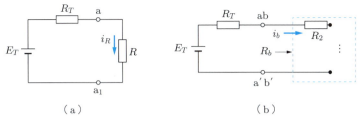

図 1.5.12

▶ **ノートン等価回路**：図 1.5.13 に示すように，電源と抵抗とから構成される 1 端子対回路 N は，1 個の電流源と 1 個の抵抗を並列接続した回路で置き換えることができる．この置き換えで得られた回路を，回路 N の**ノートン等価回路**といい，

電流源の電流 J_N

= 回路 N の端子対 a-a' を短絡したとき，N の端子対 a-a' に流

れる電流 (1.5.27)

抵抗のコンダクタンス G_N

= 回路 N に含まれる電圧源を短絡除去，電流源を開放除去して

得られる回路の端子対 a-a' から見たコンダクタンス，抵抗値

$$R_N = 1/G_N = R_T \tag{1.5.28}$$

のように与えられる．

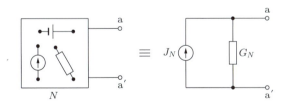

図 1.5.13　ノートン等価回路

例題 1.5.4　図 1.5.10 に示す回路の端子対 a-a' より左の部分の回路に対するノートン等価回路を求めよ．また，抵抗 R に流れる電流を求めよ．

解　ノートン等価回路の電流源の電流 J_N は，端子対 a-a' を短絡して得られる図 1.5.14 からわかるように，

$$J_N = \frac{E}{R_x} \tag{1.5.29}$$

となる．抵抗値 R_N は式 (1.5.24) の R_T に等しい．ノートン等価回路を用いると，図 1.5.15 のように，電流源 J_N には R_N と R の並列回路が接続されることになり，R のコンダクタンスを $G = 1/R$ とすると，電流源の電圧（端子対 a-a' の電圧）v は

$$v = \frac{J_N}{G_N + G} = \frac{R_N R J_N}{R_N + R} \tag{1.5.30}$$

となる．抵抗 R に流れる電流は v/R で，$R_N = R_T$，式 (1.5.29) などを考えると式 (1.5.25) で与えられるものとなる．

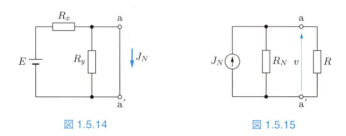

図 1.5.14　　　　　　　　図 1.5.15

▶ **電圧分割回路**：図 1.5.16 に示すような 2 端子対回路では，端子対 0-0' の電圧 v_0 が抵抗によって分割され，端子対 1-1' と端子対 2-2' に分割された電圧 v_1 と v_2 が現れる．v_1 と v_2 は次のようにして求められる．両抵抗に共通に流れる電流 i は

$$i = \frac{v_0}{R_1 + R_2} \tag{1.5.31}$$

であるから，

$$v_1 = R_1 i = \frac{R_1 v_0}{R_1 + R_2} \tag{1.5.32}$$

$$v_2 = R_2 i = \frac{R_2 v_0}{R_1 + R_2} \tag{1.5.33}$$

である．すなわち，各抵抗には抵抗値に比例した電圧が現れる．

▶ **電流分割回路**：図 1.5.17 に示すような 2 端子対回路では，端子対 0-0' の電流 i_0 が抵抗によって分割され，端子対 1-1' と端子対 2-2' にそれぞれ分割された電流 i_1 と i_2 が流れる．両抵抗に共通の電圧 v は，抵抗のコンダクタンスをそれぞれ G_1, G_2 とすると，

$$v = \frac{i_0}{G_1 + G_2} \tag{1.5.34}$$

であるから，

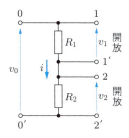
図 1.5.16　電圧分割回路

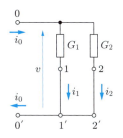
図 1.5.17　電流分割回路

$$i_1 = G_1 v = \frac{G_1 i_0}{G_1 + G_2} \tag{1.5.35}$$

$$i_2 = G_2 v = \frac{G_2 i_0}{G_1 + G_2} \tag{1.5.36}$$

である．すなわち，各抵抗にはコンダクタンスに比例した電流が流れる．

▶ **双　対**：式 (1.2.1) と式 (1.2.2)，式 (1.2.6) と式 (1.2.8)，式 (1.5.32) と式 (1.5.35) などを比べてみると，

$$
\begin{aligned}
v\,(\text{電圧}) &\longleftrightarrow i\,(\text{電流}) \\
R\,(\text{抵抗値}) &\longleftrightarrow G\,(\text{コンダクタンス}) \\
C\,(\text{キャパシタンス}) &\longleftrightarrow L\,(\text{インダクタンス})
\end{aligned}
$$

というような記号の入れ替えをすれば，まったく同じ式が得られることがわかる．説明文についても同様，言葉の入れ替えにより同じ文章となる．このように，適当な対になった記号を入れ替えると同じになる二つの式を**双対**な式，また，言葉を入れ替えると同じ表現になる二つのことがらを**双対**なことがらという．入れ替える言葉としては，上記のほかに

$$\text{直列接続} \longleftrightarrow \text{並列接続}$$

などがある．

　テブナン等価回路とノートン等価回路は双対な等価回路であり，電圧分割回路と電流分割回路も双対な回路である．電気回路ではこのほか，双対な式や法則などがしばしば現れ，双対性に注意すると，理解しやすくなる場合が多い．また，いろいろな公式を憶えようとする際にも，双対性に注目するとよい．

例題 1.5.5 図 1.5.18 に双対な回路を求めよ．

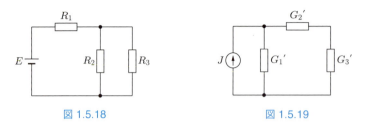

図 1.5.18   図 1.5.19

解 図 1.5.18 では抵抗 R_2 と R_3 は並列であるから，これらを直列接続に変える．これらの抵抗と抵抗 R_1 は直列接続されているので，これらを並列接続に変え，電圧源を電流源に置き換えると，図 1.5.19 の回路が得られる．

1.6 回路の電力

図 1.6.1 の長方形は抵抗，キャパシタ，インダクタ，電圧源，電流源などの素子を表す．図のように，素子の電圧を v，電流を i とすると，この素子に供給される単位時間当たりのエネルギー，すなわち**電力** p は

$$p = vi \tag{1.6.1}$$

で与えられる．電力の単位はワット (watt, W) である．式 (1.6.1) の p は，素子に供給される電力を表すので，p が負のときは，素子が電力を供給することになる．

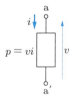

図 1.6.1 電力

素子が抵抗のときは抵抗値を R，コンダクタンスを G とすると，$v = Ri$ あるいは $i = Gv$ だから，

$$p = Ri^2 = Gv^2 \tag{1.6.2}$$

となる．これは抵抗が消費する電力ともいわれる．

キャパシタやインダクタは供給された電気的エネルギーを蓄積し，蓄積したエネル

ギーをほかに供給する（2.8 節参照）．

　図 1.6.1 の長方形は素子だけでなく，1 端子対回路（2 端子回路）を表すと考えてもよい．このとき，式 (1.6.1) の p は，1 端子対回路に供給される電力を表すことになる．もし p が負なら，1 端子対回路が電力を供給することになる．

　電力の場合も，電圧と電流の相対的な方向に注意する必要がある．もし，電圧あるいは電流の一方だけが図 1.6.1 に示した方向と逆である場合は，$p = vi$ は素子あるいは 1 端子対回路が供給する電力となる．

例題 1.6.1　図 1.6.2(a) および (b) の回路において，抵抗 R で消費される電力を求めよ．

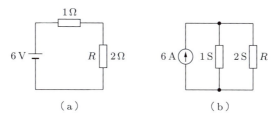

図 1.6.2

解　(a) 抵抗 R に流れる電流は $6/(1+2) = 2\,\mathrm{A}$ である．したがって，式 (1.6.2) から R の消費電力は，$p = 2 \times 2^2 = 8\,\mathrm{W}$ となる．

　(b) R の電圧は $6/(1+2) = 2\,\mathrm{V}$ である．したがって，式 (1.6.2) から R の消費電力は，$p = 2 \times 2^2 = 8\,\mathrm{W}$ となる．（**注**：図 1.6.2(a) の回路と同図 (b) の回路は双対であり，抵抗での消費電力は等しくなる．）

例題 1.6.2　1.1 節の豆電球の問題を $R_s \ll R$ として解け．

解　図 1.1.2(a) の回路の抵抗 R に流れる電流 i は，$R_s \ll R$ であることを考えて，Step 3 の式 $(R_s + R)i = E$ から $i = E/R$ となる．したがって，消費電力は E^2/R である．次に，図 1.1.2(b) の回路の 3 個の抵抗 R の合成抵抗は，$R + R/2 = 3R/2$ である．上側の抵抗 R に流れる電流は，合成抵抗に流れる電流と等しく，$R_s \ll R$ を考えると，$(2E)/(3R/2) = 4E/3R$ となる．この電流の 1/2 が下側の抵抗 R のそれぞれに流れる．したがって，上側の抵抗 R で消費される電力は $16E^2/9R$，下側の抵抗 R の 1 個で消費される電力は $4E^2/9R$ である．結局，図 1.1.2(b) の回路の上側の抵抗 R で消費される電力が最大で，下側の抵抗 R の 1 個で消費される電力が最小である．

1.7 章末例題

例題 1.7.1 図 1.3.1 の回路において抵抗 R_1, R_2, R_3 に流れる電流を求めよ。

解 抵抗 R_1, R_2, R_3 の電圧と電流を図に示したように定義する。まず、オームの法則から、

$$v_1 = R_1 i_1, \quad v_2 = R_2 i_2, \quad v_3 = R_3 i_3 \tag{1.7.1}$$

である。また、キルヒホフの法則から、

$$i_1 = i_2 + i_3 \tag{1.7.2}$$

$$v_1 + v_2 = E, \quad v_2 = v_3 \tag{1.7.3}$$

を得る。式 (1.7.3) に式 (1.7.1) を代入すると、

$$R_1 i_1 + R_2 i_2 = E, \quad R_2 i_2 = R_3 i_3 \tag{1.7.4}$$

となり、さらに式 (1.7.2) を代入すると、

$$(R_1 + R_2) i_2 + R_1 i_3 = E, \quad R_2 i_2 = R_3 i_3 \tag{1.7.5}$$

を得る。これを解いて、

$$i_2 = \frac{R_3 E}{R_1 R_2 + R_1 R_3 + R_2 R_3}, \quad i_3 = \frac{R_2 E}{R_1 R_2 + R_1 R_3 + R_2 R_3} \tag{1.7.6}$$

である。これらを式 (1.7.2) に代入して、i_1 が次式のように求められる。

$$i_1 = \frac{(R_2 + R_3) E}{R_1 R_2 + R_1 R_3 + R_2 R_3} \tag{1.7.7}$$

別解 R_2 と R_3 の合成抵抗を R とすると、R_2 と R_3 は並列接続されているので、

$$R = \frac{R_2 R_3}{R_2 + R_3} \tag{1.7.8}$$

である。さらに、合成抵抗 R が抵抗 R_1 と直列接続されることになり、合成抵抗 R に流れる電流が抵抗 R_1 に流れる電流に等しくなる。したがって、

$$i_1 = \frac{E}{R_1 + R} \tag{1.7.9}$$

となる。この電流が抵抗 R_2 と R_3 に分流して i_2 と i_3 になるが、i_2 と i_3 の値は、抵抗 R_2 と R_3 のコンダクタンスに比例する（抵抗値に逆比例する）。それゆえ

$$i_2 = \frac{R_3 i_1}{R_2 + R_3}, \quad i_3 = \frac{R_2 i_1}{R_2 + R_3} \tag{1.7.10}$$

であり、式 (1.7.9) を代入すると i_2 と i_3 が求められる。（**注**：簡単な回路の典型的な解析法である。回路から視察により式 (1.7.4) を求めることは容易なので、式 (1.7.1) と (1.7.3) を示すことなく、式 (1.7.4) と式 (1.7.2) とから解析を始めればよい。）

例題 1.7.2 図 1.7.1 に示す回路において，M_1 と M_2 は**網目**とよばれる閉路である．
(1) 網目 M_1 と M_2 に対する KVL 方程式を求めよ．
(2) 節点 a に対する KCL 方程式を求めよ．
(3) KVL 方程式に素子の電圧・電流特性を代入して得られる式を示せ．

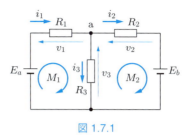

図 1.7.1

解 (1) 網目 M_1 と M_2 に対する KVL 方程式は次のようになる．

$$v_1 + v_3 = E_a, \quad -v_2 + v_3 = E_b \tag{1.7.11}$$

(2) 節点 a に対する KCL 方程式は次のようになる．

$$i_1 = i_2 + i_3 \tag{1.7.12}$$

(3) KVL 方程式に素子の電圧・電流特性を代入すると，

$$R_1 i_1 + R_3 i_3 = E_a, \quad -R_2 i_2 + R_3 i_3 = E_b \tag{1.7.13}$$

となる．（注：回路から視察により式 (1.7.12) と式 (1.7.13) を求め，そこから解析を始めればよい．外側の網目（無限遠点を含む網目）を除く網目に対して KVL 方程式を求めると，余分な式を含まない KVL 方程式が得られる．）

例題 1.7.3
(1) 図 1.7.2 に示す回路の節点対 a-a' より内側の部分回路の合成抵抗 R を求めよ．
(2) 抵抗 r に流れる電流 i を求めよ．

解 (1) 節点対 a-a' より内側の部分回路は上下対称であり，上側の抵抗 R_1 と R_2 に流れる電流と下側の抵抗 R_1 と R_2 に流れる電流とは等しいので，節点 b の電位と節点 b' の電位が等しくなる．それゆえ，抵抗 R_3 には電流が流れず，これを開放除去しても回路の電圧や電流は変わらない．上側の抵抗 R_1 と R_2，下側の抵抗 R_1 と R_2 はそれぞれ直列接続と考えてよく，その合成抵抗は $R_1 + R_2$ である．これら 2 組の抵抗が並列接続されているので，端子対 a-a' から見た部分回路の合成抵抗は $R = (R_1 + R_2)/2$ である．

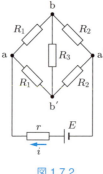

図 1.7.2

(2) 抵抗 r と (1) で求めた合成抵抗は直列接続されることになり，それらの合成抵抗は $R+r$ である．この合成抵抗に流れる電流と抵抗 r に流れる電流は等しく，したがって

$$i = \frac{E}{R+r} \tag{1.7.14}$$

となる．$R = (R_1 + R_2)/2$ を代入すると i が求められる．（**注**：対称性を利用すると解析が簡単になる例である．）

例題 1.7.4 図 1.7.3 に示すはしご型回路において，右端の抵抗 R_4 の電圧が 1 V である．電源電圧 E の値を求めよ．

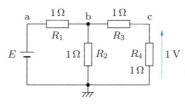

図 1.7.3

解 R_4 に流れる電流の値が 1 A であり，これが R_3 を流れるから，R_3 の電圧は 1 V，R_3 の電圧と R_4 の電圧の和が 2 V だから，R_2 の電圧は 2 V になる．それゆえ，R_2 には 2 A の電流が流れ，これと R_3 に流れる電流 1 A とを合わせた 3 A の電流が R_1 に流れる．R_1 の電圧は 3 V となり，これと R_2 の電圧 2 V の和の 5 V が電源電圧 E の値となる．（**注**：R_4 の電圧の 5 倍が電源電圧 E であり，逆に R_4 の電圧は $E/5$ V となる．また，R_4 の電流は $E/5$ A となる．さらに，たとえば，R_1 の電圧は R_4 の電圧の 3 倍だから $3E/5$ V，R_1 の電流は $3E/5$ A となる．はしご型回路の右端から，電圧と電流を順次求めていくという上記のような解析法は，抵抗値が一般的な場合にも拡張できる．）

例題 1.7.5 図 1.7.4 の回路において，電源電圧 E と抵抗値 R_1 が固定されているとき，抵抗 R に供給される電力 p が最大となるように R を定めよ．また，そのときの p の値を求めよ．

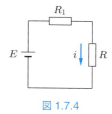

図 1.7.4

解 R に流れる電流は

$$i = \frac{E}{R_1 + R} \tag{1.7.15}$$

であるから，R に供給される電力 p は

$$p = Ri^2 = \frac{RE^2}{(R_1 + R)^2} \tag{1.7.16}$$

となる．上式は

$$p = \frac{E^2}{\left(\dfrac{R_1}{\sqrt{R}} + \sqrt{R}\right)^2} \tag{1.7.17}$$

と書けるが，分母の二つの項の積が定数 R_1 になるので，これら 2 項が等しいときその和が最小（面積が一定である長方形の縦と横の長さの和が最小となるのは，縦と横の長さが等しいとき）になる．分母の二つの項が等しいということから $R = R_1$ が得られ，p の最大値は

$$p = \frac{E^2}{4R_1} \tag{1.7.18}$$

になる．（**注**：供給電力を最大にする条件 $R = R_1$ は**整合条件**といわれる．）

例題 1.7.6 図 1.7.5 に示す回路において，抵抗 R に供給される電力 p が最大となるように R を定めよ．また，そのときの p の値を求めよ．

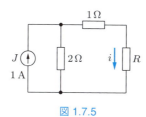

図 1.7.5

解 図の回路を電流分割回路と見ると，R に流れる電流は

$$i = \frac{2}{2+(1+R)}J = \frac{2}{3+R}J \tag{1.7.19}$$

である．R に供給される電力 p は

$$p = Ri^2 = \frac{4RJ^2}{(3+R)^2} = \frac{4J^2}{\left(\dfrac{3}{\sqrt{R}}+\sqrt{R}\right)^2} \tag{1.7.20}$$

となる．p の最大は $3/\sqrt{R} = \sqrt{R}$ のとき，すなわち $R = 3$ のときで，$p = 1/3\,\mathrm{W}$ となる．

演習問題

1.1 問図 1.1 の回路において，素子に共通の電圧を v とするとき，各素子の電圧・電流特性を示せ．

1.2 問図 1.2 の回路において，$J = 3\,\mathrm{A}$ である．
(1) $R_1 = 1\,\Omega$, $R_2 = 1\,\Omega$, $R_3 = 1\,\Omega$ のときに各抵抗に流れる電流を求めよ．
(2) $R_1 = 1\,\Omega$, $R_2 = 2\,\Omega$, $R_3 = 4\,\Omega$ のとき各抵抗に流れる電流を求めよ．
(3) $G_1 = 1/R_1 = 1\,\mathrm{S}$, $G_2 = 1/R_2 = 2\,\mathrm{S}$, $G_3 = 1/R_3 = 4\,\mathrm{S}$ のときに各抵抗に流れる電流を求めよ．

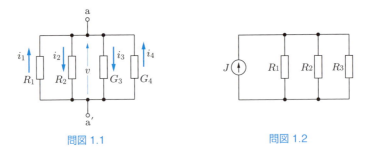

問図 1.1   問図 1.2

1.3 問図 1.3 の回路に対する KVL 方程式と KCL 方程式を求めよ．
1.4 問図 1.3 の回路に重ね合わせの理を適用し，抵抗 R_1, R_2 に流れる電流を求めよ．（**注**：電源を 1 個ずつ含む回路を描いてみること．電圧・電流の方向に注意すること．）
1.5 問図 1.4 の回路で端子対 a-a' を開放したとき，抵抗 R_1 に流れる電流および抵抗 R_2 と抵抗 R_3 に流れる電流を求めよ．さらに，この回路のテブナン等価回路を求めよ．
1.6 問図 1.4 の回路で端子対 a-a' を短絡したとき，抵抗 R_2 に流れる電流を求めよ．さらに，この回路のノートン等価回路を求めよ．

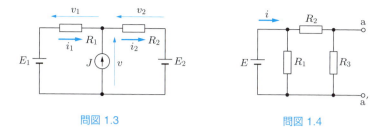

問図 1.3　　　　　　　　問図 1.4

1.7 問図 1.5 の回路で，端子対 a-a′ から左の回路のテブナン等価回路とノートン等価回路を求めよ．さらに，抵抗 r に流れる電流を求めよ．

1.8 問図 1.6 の回路で，端子対 a-a′ を開放したときに現れる電圧が $E/3$ になるように R_2 を定めよ．ただし，$R_1 = 6\,\mathrm{k\Omega}$ とする．また，この回路のテブナン等価回路を求めよ．次に，端子対 a-a′ に抵抗 R を接続する．$E = 12\,\mathrm{V}$ として，R が $0.1\,\mathrm{k\Omega}$，$2\,\mathrm{k\Omega}$，$100\,\mathrm{k\Omega}$ のそれぞれの場合について R を流れる電流を求めよ．（**注**：近似計算を考えること．）

1.9 問図 1.7 の回路において，抵抗 R_3 の電圧 v_3 を $E/2$，電流 i_3 を抵抗 R_1 の電流 i_1 の $1/3$ にしたい．$R_1 : R_2 : R_3$ をどのようにすればよいか．

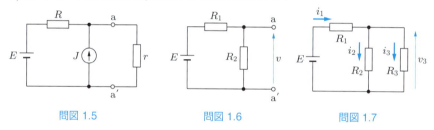

問図 1.5　　　　　　　問図 1.6　　　　　　　問図 1.7

1.10 問図 1.8 の回路において，右端の抵抗に流れる電流が $1\,\mathrm{A}$ であるとき，電流源の電圧 v と電流 J を求めよ．また，$J = 24\,\mathrm{A}$ であるとき，右端の抵抗に流れる電流はいくらになるか．

1.11 問図 1.9 の回路において，端子対 b-b′ に抵抗 R_b をつないだとき，端子対 a-a′ から見た合成抵抗が R_a であり，端子対 a-a′ に抵抗 R_a をつないだとき，端子対 b-b′ から見た合成抵抗が R_b である．R, r のそれぞれを R_a と R_b で表せ．

1.12 問図 1.10 の回路において，電源電流 J と抵抗値 R_1 が固定されているとき，抵抗 R に供給される電力 p が最大となるように R を定めよ．また，そのときの p の値を求めよ．

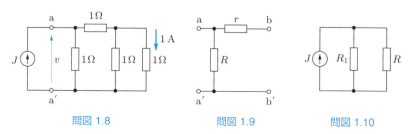

問図 1.8　　　　　　　問図 1.9　　　　　　　問図 1.10

1.13 問図 1.11 の回路において，抵抗 R に供給される電力 p が最大となるように R を定めよ．また，そのときの p の値を求めよ．

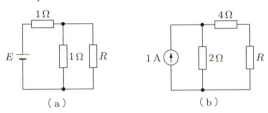

問図 1.11

1.14 (1) 問図 1.12(a) の回路の定常状態における電圧源の電流 i とインダクタ L の電流 i_L を求めよ．

(2) 問図 1.12(b) の回路の定常状態における電流源の電圧 v とキャパシタ C の電圧 v_C を求めよ．

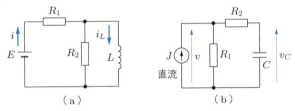

問図 1.12

1.15 問図 1.13 の回路の定常状態におけるインダクタ L の電流 i_L とキャパシタ C の電圧 v_C を求めよ．

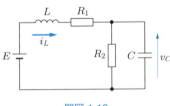

問図 1.13

2章
交流回路

　方向が時刻によって変化する電圧あるいは電流を，交流電圧あるいは交流電流とよぶが，そのなかでも正弦波形をもつ電圧や電流がとくに重要である．普通は交流回路というと，回路の各部の電圧や電流が定常状態において正弦波形をもつような回路，すなわち**正弦波定常状態**にある回路を指すと考えてよい．この章では，このような回路に対する解析法について解説する．2.3 節に述べる解析法を用いると，交流回路も直流回路と同様の手順で解析できるのであるが，直流回路解析との類似性からこの解析法の誤った使用例も多くみられる．誤って用いることのないよう，解析法の基本的な考え方を十分理解する必要がある．

2.1　正弦波電圧・電流

　この節では，まず正弦波がどのように表されるかを述べ，ついで交流回路における正弦波電圧・電流のもつ特性について述べる．

▶ **正弦波**：時間 t の関数としての正弦波は

$$x(t) = A_m \sin(\omega t + \theta) \tag{2.1.1}$$

のように表せる．この式において，A_m は**振幅**，ω は**角周波数**，θ は**位相角**である．式 (2.1.1) の正弦波は，図 2.1.1 のようになる．

　正弦波は時間 t の周期関数である．つまり，正弦波では同じ波形が繰り返される．その繰り返しの**周期**を T とする．**周波数**は周期の逆数であり，周波数を f とすると

$$T = \frac{1}{f}, \qquad \omega = 2\pi f \tag{2.1.2}$$

という関係がある．周期の単位は秒 (second, s)，周波数の単位はヘルツ (hertz, Hz) である．

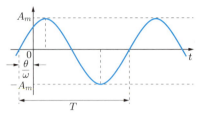

図 2.1.1　正弦波形

波形の 2 乗を 1 周期にわたって平均し，平方根をとった値を**実効値**という．正弦波の実効値は次式のようになる．

$$A = \sqrt{\frac{1}{T}\int_0^T \{A_m \sin(\omega t + \theta)\}^2 dt} = \frac{1}{\sqrt{2}}A_m \tag{2.1.3}$$

正弦波は式 (2.1.1) のように表されるのであるが，式 (2.1.2) と式 (2.1.3) を考慮すると，

(1) 実効値 A　（または振幅 A_m）
(2) 角周波数 ω　（または周波数 f，または周期 T）
(3) 位相角 θ

の三つの数値を与えると正弦波が決まることがわかる．つまり，正弦波は式 (2.1.1) のように時刻によって変わる値，すなわち瞬時値で示さなくても，実効値，角周波数，位相角を与えるとどのような正弦波であるかがわかる．

▶ **回路の正弦波定理**：抵抗，キャパシタ，インダクタ（どれか 1 種類か 2 種類だけでもよい）から構成される回路が，正弦波形をもつ電源で励振されると，定常状態において，回路の各部の電圧および電流は，励振電源の正弦波電圧あるいは電流の角周波数と同じ角周波数をもつ正弦波となる．ただし，励振電源が複数個あるときは，それらの正弦波電圧あるいは電流の角周波数は同じであるとする†．

▶ **実効値と位相角による正弦波表示**：回路の正弦波定理から，正弦波電源によって励振されて定常状態にある回路の各部の電圧および電流については，角周波数が共通であり，実効値と位相角が異なっているだけなので，回路解析では，回路各部の電圧あるいは電流の実効値と位相角を求めさえすればよいといえる．1.4 節で述べたように，定常状態では時間の原点を選ぶことができる．時間の原点をどこに選ぶかにより，正弦波は位相角

---

† 励振電源が複数個あり，それらの正弦波電圧あるいは電流の角周波数が異なるときには，3.2 節に述べる重ね合わせの理を適用する．

が異なってくるので，一つの基準となる正弦波を定めて（通常，励振正弦波電圧あるいは電流を基準とする），回路のほかの電圧あるいは電流は，それらの実効値と位相角がこの基準正弦波と比べてどのように異なるかを求めればよい．

▶ **位相の進み・遅れ**： 角周波数が同じであるいくつかの正弦波の位相角を比べる場合には，「位相が**進んでいる**」あるいは「**遅れている**」という表現を使う．すなわち，図 2.1.2 において波形①を基準の正弦波とすると，波形②はその位相角が 0 と π との間にある（波形の山が時間的に早く来る）ので，「波形②は波形①に比べて位相が進んでいる」といい，また，波形③はその位相角が 0 と $-\pi$ との間にある（波形の山が時間的に遅く来る）ので，「波形③は波形①に比べて位相が遅れている」という．二つの正弦波の位相角が等しいときは「これらの波形は**同相である**」という．

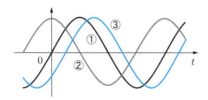

図 2.1.2　波形と位相（①:基準波形，②:進相波形，③:遅相波形）

例題 2.1.1　二つの正弦波
$$v_1 = V_{m1} \sin\left(\omega t - \frac{\pi}{3}\right), \quad v_2 = V_{m2} \sin\left(\omega t - \frac{\pi}{6}\right) \tag{2.1.4}$$

がある．v_1 を基準波形とするためには，時間の原点をどのように選びなおせばよいか．また，このとき v_2 はどのように表されるか．また，その位相は v_1 に比べて進んでいるのか，あるいは遅れているのか．

解　新しい時間 τ の原点を t のそれより t_0 だけ遅らせる，すなわち $\tau = t - t_0$ とすると，
$$\omega t - \frac{\pi}{3} = \omega(\tau + t_0) - \frac{\pi}{3} = \omega\tau + \omega t_0 - \frac{\pi}{3} \tag{2.1.5}$$

である．したがって $t_0 = \pi/3\omega$ とすると，
$$v_1 = V_{m1} \sin \omega\tau \tag{2.1.6}$$

となる．このとき
$$\omega t - \frac{\pi}{6} = \omega(\tau + t_0) - \frac{\pi}{6} = \omega\tau + \frac{\pi}{6} \tag{2.1.7}$$

となり，

$$v_2 = V_{m2}\sin\left(\omega\tau + \frac{\pi}{6}\right) \tag{2.1.8}$$

と表される．v_2 の位相角は 0 と π との間にあり，v_2 の位相は v_1 の位相より進んでいる．

例題 2.1.2 $v = A_m\sin(\omega t + \pi/6)$ より位相がそれぞれ $\pi/6$，$\pi/2$ だけ進んだ正弦波を求めよ．
解 位相が $\pi/6$ だけ進んだ正弦波は

$$A_m\sin\left(\omega t + \frac{\pi}{6} + \frac{\pi}{6}\right) = A_m\sin\left(\omega t + \frac{\pi}{3}\right) \tag{2.1.9}$$

である．また，位相が $\pi/2$ だけ進んだ正弦波は，以下となる．

$$A_m\sin\left(\omega t + \frac{\pi}{6} + \frac{\pi}{2}\right) = A_m\cos\left(\omega t + \frac{\pi}{6}\right) \tag{2.1.10}$$

2.2 正弦波電圧・電流の複素数表示

2.1 節に述べた回路の正弦波定理に基づくと，正弦波の複素数表示という非常に重要な交流回路の解析手段を導入できる．その準備として，まず複素数の知識を整理して示し，ついで，正弦波の複素数表示を定義する．

▶ **複素数**：a と b を二つの実数，j を虚数単位 $j = \sqrt{-1}$ とすると，複素数 C は

$$C = a + jb \tag{2.2.1}$$

と書ける．式 (2.2.1) は複素数の直角座標表示で，a を C の**実部**（real part）あるいは**実数部**，b を C の**虚部**（imaginary part）あるいは**虚数部**といい，それぞれ

$$a = \mathrm{Re}\,C, \qquad b = \mathrm{Im}\,C \tag{2.2.2}$$

のように記す．複素数の直角座標表示と極座標表示の関係を示すと，図 2.2.1 のようになる．r を C の**絶対値**，θ を C の**偏角**といい，

$$r = |C|, \qquad \theta = \angle C \tag{2.2.3}$$

と記す．

$$a = r\cos\theta, \qquad b = r\sin\theta \tag{2.2.4}$$

$$r = \sqrt{a^2 + b^2}, \qquad \theta = \tan^{-1}\frac{b}{a} \tag{2.2.5}$$

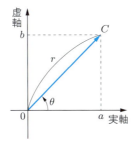

図 2.2.1 複素数

である.オイラーの公式を用いると,

$$C = a + jb = r\cos\theta + jr\sin\theta = re^{j\theta} \tag{2.2.6}$$

と表せる.以下によく用いられる複素数の例をあげる.

$$e^{j0} = e^{j2\pi} = \cdots\cdots = e^{j2n\pi} = 1$$
$$e^{j\frac{\pi}{2}} = j, \qquad e^{j\pi} = -1, \qquad e^{j\frac{3\pi}{2}} = e^{-j\frac{\pi}{2}} = -j$$
$$e^{j\frac{\pi}{6}} = \frac{\sqrt{3}}{2} + j\frac{1}{2}, \qquad e^{j\frac{\pi}{4}} = \frac{1}{\sqrt{2}} + j\frac{1}{\sqrt{2}}$$
$$e^{j\frac{\pi}{3}} = \frac{1}{2} + j\frac{\sqrt{3}}{2}, \qquad e^{j\frac{2\pi}{3}} = -\frac{1}{2} + j\frac{\sqrt{3}}{2}, \qquad e^{j\frac{4\pi}{3}} = -\frac{1}{2} - j\frac{\sqrt{3}}{2}$$

複素数 C の**共役複素数**は通常 $\overline{C}$ と記され,次式のように定義される.

$$\overline{C} = a - jb = re^{-j\theta} \tag{2.2.7}$$

交流回路の解析にしばしば必要となるのは複素数の乗除算で,これには極座標表示を用いるのが便利である.C_1,C_2 を二つの複素数とすると,

$$C_1 C_2 = |C_1|e^{j\theta_1}|C_2|e^{j\theta_2} = |C_1||C_2|e^{j(\theta_1+\theta_2)} \tag{2.2.8}$$

であるから,

$$|C_1 C_2| = |C_1||C_2|, \qquad \angle(C_1 C_2) = \angle C_1 + \angle C_2 \tag{2.2.9}$$

となる.同様に,

$$\frac{C_1}{C_2} = \frac{|C_1|e^{j\theta_1}}{|C_2|e^{j\theta_2}} = \frac{|C_1|}{|C_2|}e^{j(\theta_1-\theta_2)} \tag{2.2.10}$$

であるから，次の式が成り立つ．

$$\left|\frac{C_1}{C_2}\right| = \frac{|C_1|}{|C_2|}, \quad \angle\left(\frac{C_1}{C_2}\right) = \angle C_1 - \angle C_2 \tag{2.2.11}$$

例題 2.2.1 $\left(1 + j\dfrac{1}{\sqrt{3}}\right)\left(\dfrac{3}{4} + j\dfrac{3}{4}\right)$ の絶対値と位相角を求めよ．

解 図 2.2.2 参照．

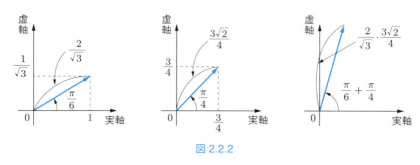

図 2.2.2

▶ **正弦波電圧・電流の複素数表示：** 回路の正弦波定理により，交流回路の定常状態においては，回路の各部の電圧および電流が，励振電源の正弦波電圧あるいは電流の角周波数と同じ角周波数をもつ正弦波となる（励振電源が複数個あるときは，それらの正弦波電圧あるいは電流の角周波数は同じであるとする）ので，正弦波の実効値と位相角に注目して，次のように正弦波電圧あるいは電流を複素数で表す．

$$v = \sqrt{2}|V|\sin(\omega t + \psi) \quad \longleftrightarrow \quad V = |V|\mathrm{e}^{j\psi} \tag{2.2.12}$$

$$i = \sqrt{2}|I|\sin(\omega t + \theta) \quad \longleftrightarrow \quad I = |I|\mathrm{e}^{j\theta} \tag{2.2.13}$$

ただし，$|V|$，$|I|$ は正弦波の実効値を示す．式 (2.2.12) と式 (2.2.13) の右側は，それぞれ正弦波電圧と電流の**複素数表示**，あるいは**フェーザ** (phasor) **表示**といわれる．逆に，正弦波の角周波数が与えられていれば，複素数表示からもとの正弦波を一義的に定められる．つまり，式 (2.2.12), (2.2.13) は，時間の関数である正弦波と複素数との間の

$$\text{正弦波電圧・電流の実効値} \quad \longleftrightarrow \quad \text{複素数電圧・電流の絶対値} \tag{2.2.14}$$

$$\text{正弦波電圧・電流の位相角} \quad \longleftrightarrow \quad \text{複素数電圧・電流の偏角} \tag{2.2.15}$$

という対応付けによる変換と逆変換とみなせる．式 (2.2.12) と式 (2.2.13) の左側は**時**

間領域における電圧と電流，右側は**複素数領域**における電圧と電流ともいわれる．

この章では，時間領域における電圧に v，電流に i などの小文字を，その複素数表示に V, I などの大文字を用いる．複素数表示からの実効値計算に便利なように，電圧や電流の実効値には，$|V|$, $|I|$ のような絶対値記号による表現を用いる．

正弦波が cos 形で与えられたときの複素数表示は

$$v = \sqrt{2}\,|V|\cos(\omega t + \psi)$$
$$= \sqrt{2}\,|V|\sin\left(\omega t + \psi + \frac{\pi}{2}\right) \longleftrightarrow V = |V|\mathrm{e}^{j\psi}\mathrm{e}^{j\frac{\pi}{2}} = j|V|\mathrm{e}^{j\psi}$$
(2.2.16)

となり，正弦波が sin 形で与えられたときの複素数表示に虚数単位 j を乗じたものになる．基準となる変換をまとめて示すと，次のようになる．

$$\sqrt{2}\sin\omega t \longleftrightarrow 1, \qquad \sqrt{2}\cos\omega t \longleftrightarrow j \qquad (2.2.17)$$

$$-\sqrt{2}\sin\omega t \longleftrightarrow -1, \qquad -\sqrt{2}\cos\omega t \longleftrightarrow -j = \frac{1}{j} \qquad (2.2.18)$$

例題 2.2.2 次の正弦波の複素数表示を求めよ．
(1) $\sqrt{2}\,5\sin\left(\omega t + \frac{\pi}{4}\right)$ (2) $2\sin\left(\omega t - \frac{\pi}{3}\right)$
(3) $\sqrt{2}\,3\cos\left(\omega t + \frac{\pi}{6}\right)$ (4) $\sqrt{2}\cos\left(\omega t - \frac{\pi}{2}\right)$
解 (1) $5\mathrm{e}^{j\frac{\pi}{4}}$ (2) $\sqrt{2}\mathrm{e}^{-j\frac{\pi}{3}}$ (3) $3j\mathrm{e}^{j\frac{\pi}{6}} = 3\mathrm{e}^{j\frac{2\pi}{3}}$ (4) $j\mathrm{e}^{-j\frac{\pi}{2}} = 1$

例題 2.2.3 次の複素数表示をもつ正弦波を求めよ．
(1) $3\mathrm{e}^{j\frac{\pi}{3}}$ (2) $j\mathrm{e}^{-j\frac{\pi}{6}}$ (3) $-5\mathrm{e}^{j\frac{\pi}{6}}$ (4) $\frac{1}{j}\mathrm{e}^{j\frac{\pi}{4}}$
解 (1) $\sqrt{2}\,3\sin\left(\omega t + \frac{\pi}{3}\right)$ (2) $\sqrt{2}\cos\left(\omega t - \frac{\pi}{6}\right)$
(3) $-\sqrt{2}\,5\sin\left(\omega t + \frac{\pi}{6}\right)$ (4) $-\sqrt{2}\cos\left(\omega t + \frac{\pi}{4}\right)$

<u>同じ角周波数をもつ正弦波の和あるいは差の複素数表示は，個々の正弦波の複素数表示の和あるいは差となる</u>．このことは，正弦波の和あるいは差と複素数の和あるいは差を比較してみれば容易にわかる．複素数表示は正弦波の角周波数が同じであるという条件を前提としているので，正弦波の和あるいは差の複素数差示を求めるとき，この条件が守られているかどうかの注意がとくに重要である．異なる角周波数をもつ正弦波の和あるいは差の複素数表示は定義されない．

例題 2.2.4 次の正弦波の和あるいは差の複素数表示を求めよ．
(1) $\sqrt{2}\left\{\sin\omega t + 2\sin\left(\omega t + \dfrac{\pi}{6}\right)\right\}$ (2) $\sqrt{2}\left\{3\sin\left(\omega t - \dfrac{\pi}{6}\right) + \cos\omega t\right\}$
(3) $\sqrt{2}\left\{2\sin\left(\omega t - \dfrac{\pi}{3}\right) - \cos\left(\omega t - \dfrac{\pi}{4}\right)\right\}$

解 (1) $1 + 2\mathrm{e}^{j\frac{\pi}{6}}$ (2) $3\mathrm{e}^{-j\frac{\pi}{6}} + j$ (3) $2\mathrm{e}^{-j\frac{\pi}{3}} - j\mathrm{e}^{-j\frac{\pi}{4}} = 2\mathrm{e}^{-j\frac{\pi}{3}} - \mathrm{e}^{j\frac{\pi}{4}}$

2.3 交流回路の複素数領域における解析法

　この節では，正弦波電圧・電流の複素数表示を用いた複素数領域における回路解析法を解説する．1.1 節に述べたように，回路解析の基本的手順は，素子の電圧・電流特性式に加えて KVL 方程式と KCL 方程式を求め，それらを連立させて解くというものであるから，まず，複素数領域において素子の電圧・電流特性，KVL 方程式，KCL 方程式がどのようになるかを示し，ついで解析の手順を示す．素子の電圧と電流は，それぞれ式 (2.2.12) と式 (2.2.13) で与えられるとする．

▶ **抵抗の電圧・電流特性**：抵抗に対しては，オームの法則の式 (1.2.1) が成立するので，

$$\sqrt{2}|V|\sin(\omega t + \psi) = R\sqrt{2}|I|\sin(\omega t + \theta) \tag{2.3.1}$$

である．この式から

$$|V| = R|I|, \qquad \psi = \theta \tag{2.3.2}$$

が得られ，複素数領域における抵抗の電圧・電流特性は次のようになる．

$$V = R|I|\mathrm{e}^{j\theta} = RI \tag{2.3.3}$$

▶ **キャパシタの電圧・電流特性**：キャパシタに対しては，式 (1.2.6) が成立するので，

$$\sqrt{2}|I|\sin(\omega t + \theta) = \omega C\sqrt{2}|V|\cos(\omega t + \psi)$$
$$= \omega C\sqrt{2}|V|\sin\left(\omega t + \psi + \frac{\pi}{2}\right) \tag{2.3.4}$$

である．この式から

$$|I| = \omega C|V|, \qquad \theta = \psi + \frac{\pi}{2} \tag{2.3.5}$$

が得られ，複素数領域におけるキャパシタの電圧・電流特性は次のようになる．

$$I = \omega C|V|\mathrm{e}^{j(\psi + \frac{\pi}{2})} = j\omega C|V|\mathrm{e}^{j\psi} = j\omega CV \tag{2.3.6}$$

▶ **インダクタの電圧・電流特性**：インダクタに対しては，式 (1.2.8) が成立するので，

2.3 交流回路の複素数領域における解析法

$$\sqrt{2}|V|\sin(\omega t+\psi) = \omega L\sqrt{2}|I|\cos(\omega t+\theta)$$
$$= \omega L\sqrt{2}|I|\sin\left(\omega t+\theta+\frac{\pi}{2}\right) \quad (2.3.7)$$

である．この式から

$$|V| = \omega L|I|, \qquad \psi = \theta + \frac{\pi}{2} \quad (2.3.8)$$

が得られ，複素数領域におけるインダクタの電圧・電流特性は次のようになる．

$$V = \omega L|I|\mathrm{e}^{j(\theta+\frac{\pi}{2})} = j\omega L|I|\mathrm{e}^{j\theta} = j\omega LI \quad (2.3.9)$$

時間領域では，キャパシタあるいはインダクタの電圧・電流特性が時間に関する導関数（微分）を含む式になっているのに対し，式 (2.3.6) あるいは式 (2.3.9) は代数式である．

▶ **交流オームの法則**： 複素数領域における素子電圧と素子電流の関係を表す式 (2.3.3)，(2.3.6)，(2.3.9) をまとめて記すと，

$$抵\quad 抗: V = RI, \qquad I = GV \quad \left(ただし, G = \frac{1}{R}\right) \quad (2.3.10)$$

$$キャパシタ: V = \frac{1}{j\omega C}I, \qquad I = j\omega CV \quad (2.3.11)$$

$$インダクタ: V = j\omega LI, \qquad I = \frac{1}{j\omega L}V \quad (2.3.12)$$

となる．これらの式を総括して，複素数領域における素子の電圧と電流の関係は

$$V = ZI \quad \left(ここに, Z = R, \frac{1}{j\omega C}, j\omega L \text{ のいずれか}\right) \quad (2.3.13)$$

$$I = YV \quad \left(ここに, Y = G, j\omega C, \frac{1}{j\omega L}\text{ のいずれか}\right) \quad (2.3.14)$$

のように書ける．上式は時間領域における抵抗に対するオームの法則と同じ形となっているので，交流回路の素子に対する**交流オームの法則**といわれる．

▶ **KVL 方程式と KCL 方程式**： 時間領域の KVL 方程式においては，電圧の和あるいは差が現れる．電圧が正弦波のとき，正弦波の和あるいは差の複素数表示は，個々の正弦波の複素数表示の和あるいは差となる．ただし，それらの正弦波の角周波数はすべて同じであるとする．このことから，複素数領域における KVL 方程式は，時間領域における KVL 方程式と同じ形になることがわかる．すなわち，回路に含まれる閉路について

$$\text{右回り方向電圧の総和} = \text{左回り方向電圧の総和} \qquad (2.3.15)$$

となるが，この式における電圧は複素数表示の電圧である．たとえば，図 1.3.2 に対する式 (1.3.2) から次のようになる．

$$v_1 + v_4 = v_2 + v_3 + v_5 \longleftrightarrow V_1 + V_4 = V_2 + V_3 + V_5 \qquad (2.3.16)$$

同様に，複素数領域における KCL 方程式は，時間領域における KCL 方程式と同じ形となり，回路に含まれる節点について

$$\text{節点流入電流の総和} = \text{節点流出電流の総和} \qquad (2.3.17)$$

であるが，この式における電流は複素数表示の電流である．たとえば，図 1.3.3 に対する式 (1.3.4) から次のようになる．

$$i_1 + i_4 = i_2 + i_3 + i_5 \longleftrightarrow I_1 + I_4 = I_2 + I_3 + I_5 \qquad (2.3.18)$$

▶ **交流回路の解析**： 正弦波の複素数表示を用いた交流回路の基本的な解析手順は，おおよそ次のようになる．ただし，電源が複数個あるときは，それらの正弦波電圧あるいは電流の角周波数は同じであるとする．

解析手順

Step 1　基準となる正弦波を選ぶ．（**注**：励振電源が 1 個なら，通常，その電圧あるいは電流を基準とする．たとえば，励振電圧が $\sqrt{2}E\sin\omega t$ なら，その複素数表示は E （実数）となる．複数個の励振電源がある場合は，その一つを基準に選ぶ．励振電源の電圧あるいは電流以外を基準とすることもある．）

Step 2　複素数領域における素子電圧・電流特性を表す式（式 (2.3.13) か式 (2.3.14) を用いる）および KVL 方程式と KCL 方程式（式 (2.3.15) と式 (2.3.17) を用いる）を回路から導く．

Step 3　Step 2 で求めた式を連立させて解き，目的とする電圧あるいは電流を求める．

Step 4　目的とする電圧あるいは電流の複素数表示から，時間領域の正弦波電圧あるいは電流を求める．（**注**：時間領域の正弦波電圧あるいは電流は，その実効値と位相角だけがわかればよいことが多く，そのときは複素数表示からその絶対値と偏角を求める．）

1.5 節で時間領域の解析について示したのと同様，交流回路に対してもさまざまな解析法があり，方程式を立ててそれを解くという上の手順をそのまま踏む必要は必ずしもない．たとえば，回路から KVL 方程式あるいは KCL 方程式を，素子電圧・電流特性を代入した形で求めてもよいし，2.5 節で述べるように，部分回路を 1 端子対回路あるいは 2 端子対回路として取り扱うこともよくある．

2.4 簡単な回路の正弦波定常解析

この節では，正弦波定常状態にある回路の簡単な解析例を示す．解析は複素数領域で行うので，この節に出てくる電圧あるいは電流は，とくにことわらない限り，複素数表示の電圧あるいは電流である．

例題 2.4.1 図 2.4.1 に示された回路に流れる電流 I とその実効値，位相角を求めよ．ただし，励振電圧 V を基準とする．

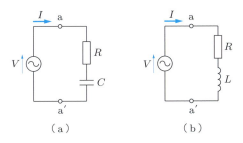

図 2.4.1

解 図 2.4.1 に示された回路では，素子が直列接続されているので，それらに電流 I が共通に流れる (KCL)．抵抗 R，キャパシタ C，インダクタ L の電圧をそれぞれ V_R，V_C，V_L とすると，素子電圧・電流特性 $V_R = RI$，$V_C = I/j\omega C$，$V_L = j\omega LI$ である．

(a) KVL 方程式に素子電圧・電流特性を代入すると，次のようになる．

$$V = V_R + V_C = \left(R + \frac{1}{j\omega C}\right)I = \frac{1 + j\omega CR}{j\omega C}I$$

$$\therefore I = \frac{j\omega CV}{1 + j\omega CR} \tag{2.4.1}$$

電流 I の実効値は，上式の右辺の絶対値を式 (2.2.9)，(2.2.11) を用いて求めれば，

$$|I| = \frac{|j\omega C||V|}{|1 + j\omega CR|} = \frac{\omega C|V|}{\sqrt{1 + \omega^2 C^2 R^2}} \tag{2.4.2}$$

となる．また，電流 I の位相角は，式 (2.4.1) の偏角を式 (2.2.9)，(2.2.11) を用いて求めれば，

$$\angle I = \angle(j\omega C) + \angle V - \angle(1 + j\omega CR) = \frac{\pi}{2} - \tan^{-1}\omega CR \qquad (2.4.3)$$

となる．(**注**：V は基準電圧で，$\angle V = 0$ である．)

(b) (a) と同様にして，以下が得られる．

$$V = V_R + V_L = (R + j\omega L)I \qquad \therefore I = \frac{V}{R + j\omega L} \qquad (2.4.4)$$

$$|I| = \frac{|V|}{|R + j\omega L|} = \frac{|V|}{\sqrt{R^2 + \omega^2 L^2}} \qquad (2.4.5)$$

$$\angle I = \angle V - \angle(R + j\omega L) = -\tan^{-1}\frac{\omega L}{R} \qquad (2.4.6)$$

例題 2.4.2 図 2.4.2 に示された回路の電圧 V とその実効値，位相角を求めよ．ただし，励振電流 I を基準とする．

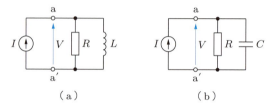

図 2.4.2

解 図 2.4.2 に示された回路では素子が並列接続されているので，それらの電圧 V が共通である (KVL)．抵抗 R，キャパシタ C，インダクタ L の電流をそれぞれ I_R, I_C, I_L とすると，素子電圧・電流特性は $I_R = GV$, $I_C = j\omega CV$, $I_L = V/j\omega L$ である．ただし，$G = 1/R$ である．

(a) KCL 方程式に素子電圧・電流特性を代入すると，次のようになる．

$$I = I_R + I_L = \left(G + \frac{1}{j\omega L}\right)V = \frac{1 + j\omega LG}{j\omega L}V$$

$$\therefore V = \frac{j\omega LI}{1 + j\omega LG} \qquad (2.4.7)$$

電圧 V の実効値は，上式の右辺の絶対値を求めれば，

$$|V| = \frac{|j\omega L||I|}{|1 + j\omega LG|} = \frac{\omega L|I|}{\sqrt{1 + \omega^2 L^2 G^2}} \qquad (2.4.8)$$

となる．また，電圧 V の位相角は，式 (2.4.7) の右辺の偏角を求めれば，

$$\angle V = \angle(j\omega L) + \angle I - \angle(1 + j\omega LG) = \frac{\pi}{2} - \tan^{-1}\omega LG \qquad (2.4.9)$$

となる．

(b) (a) と同様にして，以下が得られる．

$$I = I_R + I_C = (G + j\omega C)V \qquad \therefore V = \frac{I}{G + j\omega C} \tag{2.4.10}$$

$$|V| = \frac{|I|}{|G + j\omega C|} = \frac{|I|}{\sqrt{G^2 + \omega^2 C^2}} \tag{2.4.11}$$

$$\angle V = \angle I - \angle(G + j\omega C) = -\tan^{-1}\frac{\omega C}{G} \tag{2.4.12}$$

例題 2.4.1 と例題 2.4.2 は双対な問題で，例題 2.4.1 の解から例題 2.4.2 の解が，V と I の入れ替え，C と L の入れ替え，および R と G の置き換えによって得られる．

例題 2.4.3 図 2.4.3 の回路に流れる電流 I およびその実効値を求めよ．

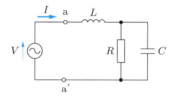

図 2.4.3

解 抵抗 R，キャパシタ C，インダクタ L の電圧をそれぞれ V_R, V_C, V_L，電流をそれぞれ I_R, I_C, I_L とすると，KVL と KCL から

$$V = V_C + V_L, \qquad V_R = V_C \tag{2.4.13}$$

$$I = I_L = I_R + I_C \tag{2.4.14}$$

が得られる．したがって，次のようになる．

$$I = \frac{V_R}{R} + j\omega C V_C = \left(\frac{1}{R} + j\omega C\right)V_C = \frac{1 + j\omega CR}{R}V_C \tag{2.4.15}$$

$$\therefore V_C = \frac{R}{1 + j\omega CR}I \tag{2.4.16}$$

$$V = V_C + V_L = \frac{R}{1 + j\omega CR}I + j\omega L I_L$$

$$= \left(\frac{R}{1 + j\omega CR} + j\omega L\right)I = \frac{R(1 - \omega^2 LC) + j\omega L}{1 + j\omega CR}I \tag{2.4.17}$$

$$\therefore I = \frac{1 + j\omega CR}{R(1 - \omega^2 LC) + j\omega L}V \tag{2.4.18}$$

$$|I| = \frac{|1 + j\omega CR||V|}{|R(1 - \omega^2 LC) + j\omega L|} = \frac{\sqrt{1 + \omega^2 C^2 R^2}|V|}{\sqrt{R^2(1 - \omega^2 LC)^2 + \omega^2 L^2}} \tag{2.4.19}$$

2.5 複素インピーダンスと複素アドミタンス

1.5 節では，いくつかの抵抗をまとめた合成抵抗や，1 端子対回路の端子対から見た抵抗などを定義した．このように，いくつかの素子からなる回路の電圧・電流特性を求めておくと，回路解析の際に有用なことが多い．交流オームの法則が抵抗に対するオームの法則と同じ形で与えられることから，1.5 節で示した定義が交流回路にも拡張できると考えられる．たとえば，式 (2.4.17) あるいは式 (2.4.18) は，図 2.4.3 の回路の端子対 a-a′ から右側の回路の端子対電圧と端子対電流の関係を示している．この節では，複素数領域における 1 端子対回路の端子対電圧と端子対電流を結びつける複素インピーダンス，複素アドミタンスという重要な概念を導入する．

▶ **複素インピーダンスと複素アドミタンス**：複素数領域における回路解析では，2.3 節に述べたように，代数方程式を解いて電圧や電流を求めているので，1 端子対回路が励振電源を含んでいない場合，その端子対における電圧と電流の複素数表示 V と I (図 2.5.1 参照) は

$$V = ZI \quad \text{あるいは} \quad I = YV \quad \left(\text{ただし}, Y = \frac{1}{Z}\right) \tag{2.5.1}$$

のように関係づけられる．ここに Z, Y は一般に複素数で，それぞれ**複素インピーダンス** (complex impedance), **複素アドミタンス** (complex admittance) とよばれる．たとえば，図 2.4.3 の回路の端子対 a-a′ から右側を見た回路の複素インピーダンスは，式 (2.4.17) から

$$Z = \frac{R(1 - \omega^2 LC) + j\omega L}{1 + j\omega CR} \tag{2.5.2}$$

であり，複素アドミタンスは

$$Y = \frac{1 + j\omega CR}{R(1 - \omega^2 LC) + j\omega L} \tag{2.5.3}$$

である．

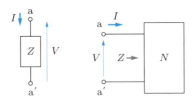

図 2.5.1　複素インピーダンス

2.5 複素インピーダンスと複素アドミタンス

複素インピーダンスと複素アドミタンスをまとめて**複素イミタンス** (complex immittance) という．また，式 (2.5.1) から

$$Z = \frac{V}{I}, \qquad Y = \frac{I}{V} \tag{2.5.4}$$

となるが，この式でとくに注意しなければならないのは，V や I が複素数表示であって，瞬時値ではないということである．このことは，$R = v/i$ のように，抵抗が瞬時値電圧 v と瞬時値電流 i の比で表せたのと著しく異なっている．また，Z や Y は複素数であるが，これらは回路から決まる定数であって，正弦波の複素数表示ではないことにも注意する必要がある．

Z と Y の極座標表示を

$$Z = |Z|\mathrm{e}^{j\zeta}, \qquad Y = |Y|\mathrm{e}^{j\phi} \tag{2.5.5}$$

とすると，$|Z|$, $|Y|$ をそれぞれ単に**インピーダンス**，**アドミタンス**という†．式 (2.5.1) と式 (2.5.4) から

$$|V| = |Z||I|, \quad |I| = |Y||V| \tag{2.5.6}$$

$$|Z| = \frac{|V|}{|I|}, \ |Y| = \frac{|I|}{|V|}, \ \angle Z = \angle V - \angle I, \ \angle Y = \angle I - \angle V \tag{2.5.7}$$

となり，$|Z|$, $|Y|$ は正弦波電圧の実効値と正弦波電流の実効値の比を，$\angle Z$, $\angle Y$ は，正弦波電圧と正弦波電流の位相差を表すことになる．ただし，複素インピーダンスの場合は，電流からの比あるいは差，複素アドミタンスの場合は，電圧からの比あるいは差である．電圧，電流と複素インピーダンス，複素アドミタンスとの関係を複素数平面で示すと，図 2.5.2 のようになる．図の (a), (b) は $\angle Z = \zeta > 0$ の場合を，図の (c), (d) は $\angle Y = \phi > 0$ の場合を示している．$\phi = -\zeta$ である．

Z を直角座標表示して

$$Z = R + jX \tag{2.5.8}$$

と表したとき，実部 R を Z の**抵抗分**，虚部 X を Z の**リアクタンス分**という．双対的に，Y を

$$Y = G + jS \tag{2.5.9}$$

と表したとき，実部 G を Y の**コンダクタンス分**，虚部 S を Y の**サセプタンス分**と

---

† 複素インピーダンス，複素アドミタンスも単にインピーダンス，アドミタンスといわれることが多い．どちらを指すかは，状況に応じて判断しなければならない．

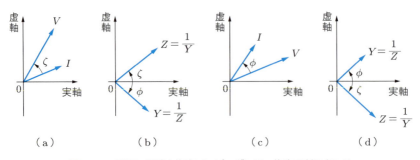

図 2.5.2　電圧・電流と複素インピーダンス，複素アドミタンス

いう．

抵抗，インダクタ，キャパシタからなる1端子対回路の場合，$R \geq 0$, $G \geq 0$ である．$X > 0$ ($\angle Z > 0$) 場合，Z は**誘導性**，$X < 0$ ($\angle Z < 0$) の場合，Z は**容量性**であるという．また，$S > 0$ ($\angle Y > 0$) なら Y は**容量性**，$S < 0$ ($\angle Y < 0$) なら Y は**誘導性**である．

抵抗，キャパシタ，インダクタの複素インピーダンスと複素アドミタンスは，それぞれ式 (2.3.13) と式 (2.3.14) で与えられる．基本的な回路の複素インピーダンスと複素アドミタンスを表 2.5.1 に示す．

この章では，R, C, L, X, G, S などは大文字でも実数である．一方，V, I, Z, Y などは一般に複素数（虚部 = 0 なら実数となる．電圧源電圧 E，電流源電流 J などは，複素数表示でも基準正弦波の複素数表示なら実数である）である．

▶ **直列接続と並列接続**：図 2.5.3 のように，1端子対回路を直列接続して得られる1端子対回路の合成複素インピーダンスは，抵抗の直列接続と同様にして求められる．KCL から直列接続された1端子対回路に流れる電流は共通であり，これを I とすると，

$$V_1 = Z_1 I, \quad V_2 = Z_2 I, \quad V_3 = Z_3 I$$

である．KVL から

$$V = V_1 + V_2 + V_3 = Z_1 I + Z_2 I + Z_3 I = (Z_1 + Z_2 + Z_3)I \quad (2.5.10)$$

となり，これから

$$Z = \frac{V}{I} = Z_1 + Z_2 + Z_3 \quad (2.5.11)$$

である．

一般に，いくつかの1端子対回路を直列接続して得られる1端子対回路については

2.5 複素インピーダンスと複素アドミタンス

表 2.5.1 基本的回路の複素インピーダンスと複素アドミタンス

1端子対回路	R C	R L	L C	R L C
複素インピーダンス	$\dfrac{1+j\omega CR}{j\omega C}$	$R+j\omega L$	$j\left(\omega L - \dfrac{1}{\omega C}\right)$	$R+j\left(\omega L - \dfrac{1}{\omega C}\right)$
インピーダンス	$\dfrac{\sqrt{1+\omega^2 C^2 R^2}}{\omega C}$	$\sqrt{R^2+\omega^2 L^2}$	$\left|\omega L - \dfrac{1}{\omega C}\right|$	$\sqrt{R^2+\left(\omega L - \dfrac{1}{\omega C}\right)^2}$
1端子対回路	G L	G C	C L	G C L
複素アドミタンス	$\dfrac{1+j\omega LG}{j\omega L}$	$G+j\omega C$	$j\left(\omega C - \dfrac{1}{\omega L}\right)$	$G+j\left(\omega C - \dfrac{1}{\omega L}\right)$
アドミタンス	$\dfrac{\sqrt{1+\omega^2 L^2 G^2}}{\omega L}$	$\sqrt{G^2+\omega^2 C^2}$	$\left|\omega C - \dfrac{1}{\omega L}\right|$	$\sqrt{G^2+\left(\omega C - \dfrac{1}{\omega L}\right)^2}$

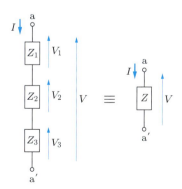

図 2.5.3 直列接続

合成複素インピーダンス ＝ 個々の回路の複素インピーダンスの総和
(2.5.12)

である．

双対的に，図 2.5.4 のように，1 端子対回路を並列接続して得られる1 端子対回路の合成アドミタンスは，次のようにして求められる．まず，KVL から並列接続された1 端子対回路の電圧は共通であり，これを V とすると，$I_1 = Y_1 V$，$I_2 = Y_2 V$，$I_3 = Y_3 V$ である．KCL から

$$I = I_1 + I_2 + I_3 = Y_1 V + Y_2 V + Y_3 V = (Y_1 + Y_2 + Y_3)V \qquad (2.5.13)$$

となり，これから次式が得られる．

$$Y = \frac{I}{V} = Y_1 + Y_2 + Y_3 \qquad (2.5.14)$$

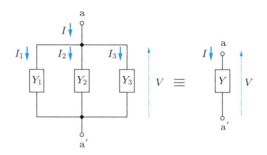

図 2.5.4　並列接続

一般に，いくつかの1 端子対回路を並列接続して得られる1 端子対回路については

合成複素アドミタンス ＝ 個々の回路のアドミタンスの総和　(2.5.15)

である．とくに，2 個の回路の並列接続については，$Z_1 = 1/Y_1$，$Z_2 = 1/Y_2$ として，合成複素インピーダンス Z は

$$Z = \frac{Z_1 Z_2}{Z_1 + Z_2} \qquad (2.5.16)$$

である．

▶ **直並列回路**：直列接続と並列接続の繰り返しによって得られる回路を**直並列回路**という．直並列回路の合成複素インピーダンス，あるいは合成複素アドミタンスは，式 (2.5.12) と式 (2.5.15) を繰り返し適用することによって求められる．

例題 2.5.1 図 2.5.5 に示す 1 端子対回路の複素インピーダンス Z を求めよ.

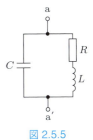

図 2.5.5

解 R と L の直列接続の合成複素インピーダンスを Z_1, 合成複素アドミタンスを Y_1 とすると, 式 (2.5.12) を用いて, $Z_1 = R + j\omega L$ である. $Y_1 = 1/Z_1 = 1/(R + j\omega L)$ と C が並列接続されているので, 式 (2.5.15) を用いて,

$$Y = \frac{1}{Z} = j\omega C + Y_1 \tag{2.5.17}$$

$$Z = \frac{1}{Y} = \frac{1}{j\omega C + Y_1} \tag{2.5.18}$$

となる. Y_1 を代入すると次式が得られる.

$$Z = \frac{R + j\omega L}{1 - \omega^2 LC + j\omega CR} \tag{2.5.19}$$

▶ **演算のチェック**: 上の例題からもわかるように, 回路の素子が多くなると, 合成複素インピーダンス, 合成複素アドミタンスなどを表す式は複雑になり, 演算の間違いをする可能性が大きくなる. 演算を順序よく行って, 誤りをなくすようにすることが大切である. また, 得られた式の検算には次のような方法がある.

チェック法

(1) 次元のチェック

式に含まれる項の次元や式の両辺の次元は一致していなければならない. R, $1/\omega C$, ωL, Z はいずれも抵抗と同じ次元 [抵抗], G, ωC, $1/\omega L$, Y などはいずれも [抵抗]$^{-1}$ の次元をもっている. したがって, たとえば $R^2 + j\omega L$ とか $R + j\omega C$ というような式はありえない. R^2 の次元は [抵抗]^2, $j\omega L$ の次元は [抵抗], R の次元は [抵抗], $j\omega C$ の次元は [抵抗]$^{-1}$ であり, 異なる次元の項が加えられているからである. また, $Y = j\omega CR$, $Z = j\omega CLR$ などの式もありえない. 式の両辺の次元が一致していないからである.

(2) 式と回路の簡単化

式に含まれる特定の変数を 0 または ∞ として式を簡単化するとともに，変数を 0 または ∞ としたことに対応して簡単化された回路を求める．簡単化された式と簡単化された回路から得られた結果とを比較し，一致しなければもとの式に誤りがあるはずである．変数を 0 または ∞ としたことに対応する回路の簡単化は，次のようになる．

(a) $R = 0, \quad L = 0 : R, L$ の短絡除去
(b) $R = \infty, \quad L = \infty : R, L$ の開放除去
(c) $G = 0, \quad C = 0 : G, C$ の開放除去
(d) $G = \infty, \quad C = \infty : G, C$ の短絡除去
(e) $\omega = 0$：すべてのインダクタの短絡除去，およびすべてのキャパシタの開放除去
(f) $\omega = \infty$：すべてのインダクタの開放除去，およびすべてのキャパシタの短絡除去

(3) 抵抗，インダクタ，キャパシタからなる 1 端子対回路の場合，複素インピーダンスの抵抗分 $R \geqq 0$，また，複素アドミタンスのコンダクタンス分 $G \geqq 0$ である．

簡単化された回路から得られた結果と簡単化された式が一致しても，もとの式が正しいとは限らないが，上のような特殊な場合を調べることにより誤りを発見できることも多い．

例題 2.5.2 図 2.5.5 に示す回路について (1) $C = 0$ とするチェック，(2) (e) のチェック，(3) (f) のチェックを行え．

解 (1) C を開放除去すると R と L の直列回路が得られ，その複素インピーダンスは $R + j\omega L$ となる．これは式 (2.5.19) において，$C = 0$ とおいた結果と一致する．

(2) L を短絡除去し，C を開放除去すると，R だけの回路が得られる．したがって，$Z = R$ となる．これは式 (2.5.19) において，$\omega = 0$ とおいた結果と一致する．

(3) L を開放除去し，C を短絡除去すると，端子対 a-a' を短絡した回路が得られる．したがって，$Z = 0$ となる．これは式 (2.5.19) において，$\omega = \infty$ とおいた結果と一致する．

2.6 フェーザ図

複素数領域における電圧や電流の極座標表示は，**フェーザ**ともよばれる．フェーザ間の関係は図に示すと理解しやすい．この節では，そのような図の構成法を例示し，そ

の特徴を明らかにする．

▶ **フェーザ図とフェーザ軌跡**：フェーザを複素数平面上に表示する場合は，その方向を明示するため図 2.6.1 のように矢印をつける．さらに，いくつかのフェーザ間の関係を示した図は**フェーザ図**とよばれる．前節に示した図 2.5.2 は，電圧と電流の関係を示す基本的なフェーザ図である．この際，フェーザを平行移動して表示することもある．

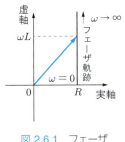

図 2.6.1　フェーザ

時間領域における電圧や電流の実効値や位相角などが変化すると，フェーザも変化する．このような場合，フェーザの先端が描く軌跡を**フェーザ軌跡**とよぶ．軌跡の場合は，フェーザの始点を原点に一致させなければならない．

複素インピーダンスや複素アドミタンスは正弦波の複素数表示ではないが，フェーザに含めて取り扱う．しかし，電圧フェーザあるいは電流フェーザと次のような点で異なるので，これらを区別して考える必要がある．前述のように，定常状態では時間の原点を選ぶことができ，正弦波の位相角は，時間の原点をどのように選ぶかによって変わってくる．正弦波の複素数表示において位相角は複素数の偏角に対応するので，位相角の変化は電圧フェーザや電流フェーザを回転することに対応する．すなわち，電圧フェーザや電流フェーザは，それらすべてを同時に回転しても同じ電圧あるいは電流を表しているとみなせる．しかし，複素インピーダンスや複素アドミタンスは，回路から決まる定数であるから，これらをフェーザとして表示しても回転することはできない．

例題 2.6.1
(1) 図 2.6.2 に示す回路の電圧 E, V_R, V_C, 電流 I のフェーザ，端子対 a-a′ から右を見た複素インピーダンス Z のフェーザを，$E = 3$, $R = \sqrt{3}$, $\omega C = 1$ として図示せよ．
(2) 角周波数 ω が変化するとき，電圧フェーザ V_R はどのような軌跡を描くか．

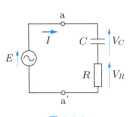
図 2.6.2

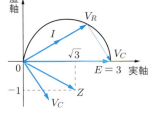
図 2.6.3

解 (1) まず，フェーザ E を基準として実軸上に描く．

$$Z = R + \frac{1}{j\omega C} = \sqrt{3} - j = 2\,\mathrm{e}^{-j\frac{\pi}{6}} \tag{2.6.1}$$

$$I = \frac{E}{Z} = \frac{3}{2}\mathrm{e}^{j\frac{\pi}{6}}, \quad V_R = RI = \frac{3\sqrt{3}}{2}\mathrm{e}^{j\frac{\pi}{6}} \tag{2.6.2}$$

$$V_C = \frac{I}{j\omega C} = -j\frac{3}{2}\mathrm{e}^{j\frac{\pi}{6}} = \frac{3}{2}\mathrm{e}^{-j\frac{\pi}{3}} \tag{2.6.3}$$

であるから，これらのフェーザを図示すると，図 2.6.3 のようになる．V_R は I に実数 $\sqrt{3}$ を乗じて得られるので，フェーザ V_R は，フェーザ I と同方向のフェーザとなる．また，V_C は I に $-j$ を乗じて得られるので，フェーザ V_C は，フェーザ I を右回り方向に $\pi/2$ だけ回転した方向のフェーザとなる．$V_R + V_C = E$ であるから，フェーザ V_C を平行移動してフェーザ V_R に加えるとフェーザ E となる．

(2) フェーザ V_R とフェーザ V_C は直交し，フェーザ V_R とフェーザ V_C を加えるとフェーザ E となるので，フェーザ V_R はフェーザ E を直径とする円上にある．円の式を求めるために V_R の実部を V_X，虚部を V_Y とすると，

$$V_R = RI = \frac{RE}{Z} = \frac{RE}{R + \dfrac{1}{j\omega C}} = \frac{RE}{R^2 + \dfrac{1}{\omega^2 C^2}}\left(R - \frac{1}{j\omega C}\right) \tag{2.6.4}$$

$$V_X = \frac{R^2 E}{R^2 + \dfrac{1}{\omega^2 C^2}}, \quad V_Y = \frac{RE}{\omega C\left(R^2 + \dfrac{1}{\omega^2 C^2}\right)} \tag{2.6.5}$$

となる．これらの式から ω を消去して，$\omega C = V_X/(RV_Y)$ より，

$$V_X{}^2 + V_Y{}^2 = V_X E, \quad \left(V_X - \frac{E}{2}\right)^2 + V_Y{}^2 = \left(\frac{E}{2}\right)^2 \tag{2.6.6}$$

となるが，式 (2.6.5) から $V_Y \geqq 0$ だから，式 (2.6.6) で与えられる円の上半分が電圧フェーザ V_R の軌跡である．

例題 2.6.2

(1) 図 2.6.4 に示した回路の端子対 a-a' から右の回路の複素アドミタンス Y のフェーザを示せ．

(2) キャパシタ C が変化したとき，電流 I のフェーザ軌跡を示せ．ただし，電圧 E を基準とする．

(3) 電圧 E と電流 I を同相とするためには，キャパシタンス C をどのような値とすればよいか．

(4) 電圧 E が電流 I より $\pi/4$ だけ遅れるようにするためには，C の値をどのように選べばよいか．

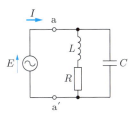

図 2.6.4

解

(1) まず，L と R の直列接続に対しては，図 2.6.5(a) に示すような $Z_1 = R + j\omega L$ を得る．次に，Z_1 から $Y_1 = 1/Z_1$ を求め，さらに Y_1 と C の並列接続に対して，同図 (b) に示すように，$Y_1 + j\omega C = Y$ を求める．

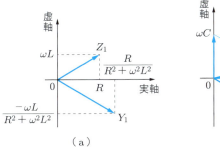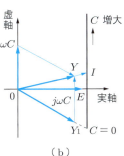

図 2.6.5

(2) 電圧 E を基準とすると E は実数となるので，$I = YE$ は Y と同方向のフェーザとなる．$C = 0$ のとき $I = Y_1 E$ であり，$C = 0$ から C が大きくなるときのフェーザ I の軌跡は，図 2.6.5(b) に示すように，フェーザ $Y_1 E$ の先端から上方に延びる直線となる．

(3) E と I が同相で $\angle E = \angle I$ なら，式 (2.5.7) から $\angle Y = 0$，すなわち Y が実数（虚部 $= 0$）となればよいことがわかる．

$$Y = \frac{1}{Z_1} + j\omega C = \frac{1}{R + j\omega L} + j\omega C = \frac{R - j\omega L}{R^2 + \omega^2 L^2} + j\omega C \tag{2.6.7}$$

である．Y の虚部 $= 0$ から，次式の C を得る．

$$C = \frac{L}{R^2 + \omega^2 L^2} \tag{2.6.8}$$

(4) 式 (2.5.7) から，E が I より $\pi/4$ だけ遅れるということは，$\angle Y = \pi/4$ ということを意味する．さらに，$\angle Y = \pi/4$ なら Y の実部と虚部が等しい．したがって，式 (2.6.7) から

$$\frac{R}{R^2+\omega^2L^2} = \frac{-\omega L}{R^2+\omega^2L^2} + \omega C$$

となり，

$$C = \frac{1}{\omega(R^2+\omega^2L^2)}(\omega L + R) \tag{2.6.9}$$

を得る．

例題 2.6.3 R と L を直列接続した回路の複素インピーダンス Z と複素アドミタンス Y のフェーザは，角周波数 ω が変わればどのような軌跡を描くか．

解 $Z = R + j\omega L$ であるから，ω が変わっても Z の実部は変わらないが，虚部は ω に比例して変化する．したがって，Z のフェーザ軌跡は，図 2.6.6(a) に示すような虚軸に平行な直線になる．次に，

$$Y = \frac{1}{R+j\omega L} = \frac{R}{R^2+\omega^2L^2} - j\frac{\omega L}{R^2+\omega^2L^2}$$
$$G = \frac{R}{R^2+\omega^2L^2}, \quad S = -\frac{\omega L}{R^2+\omega^2L^2} \tag{2.6.10}$$

とおいて，これらの式から ω を消去する．まず，2 式の比から

$$\omega L = -\frac{S}{G}R$$

を得るので，これを第 1 式に代入して整理すれば，

$$\left(G - \frac{1}{2R}\right)^2 + S^2 = \frac{1}{(2R)^2} \tag{2.6.11}$$

となる．この式は中心が $(1/2R, 0)$，半径が $1/2R$ の円を表すが，式 (2.6.10) から $S \leq 0$ だから，この円の下半分が Y のフェーザ軌跡であり，図 2.6.6(b) に示すようになる．

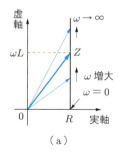 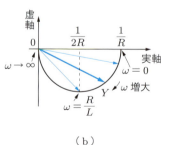

(a) (b)

図 2.6.6

上の例題にみられるような直線，あるいは円となるフェーザ軌跡は，**円線図**といわれる．

2.7 共振回路

この節では，電気回路のなかでもとくに重要な共振回路を解説する．共振回路は，通信用電子機器や測定用電子機器などにおいて広く使用されているほか，共振回路の考え方にはさまざまな応用がある．

▶ **固有振動と共振**：ブランコの板を押し上げた後，手を放すと，ブランコはひとりでに振れる．この振動はブランコの**固有振動**である．ブランコを手で繰り返し押して振らせたときの振動は**強制振動**である．押すとき，ブランコの振れに合わせてさらに押せば，ブランコは大きく振れる．このように，強制力の振動数が固有振動の振動数と一致したときに振動の振幅が大きくなる現象を**共振**という．電気回路では，次のような共振現象が起こる．なお，振動数は周波数といいかえてもよい．

▶ **直列共振**：図 2.7.1(a) のように，キャパシタとインダクタを直列接続し，キャパシタに充電したのちスイッチを閉じると，回路内に同図 (b) に示すような振動が起こる．この振動がこの回路の固有振動である．抵抗値 R が小さいと，この振動は正弦波に近い波形をもっていて（8.3 節参照．図 8.3.2，式 (8.3.26) において $R \fallingdotseq 0$ とする），その角周波数は次式で与えられる．

$$\omega_r = \frac{1}{\sqrt{LC}} \tag{2.7.1}$$

図 2.7.1 の回路において，スイッチの代わりに角周波数 ω の正弦波電圧源をおくと，図 2.7.2 に示す回路となる．この回路では励振電圧によって強制振動が起こる．その定常状態で回路に流れる電流 I を求めてみよう．

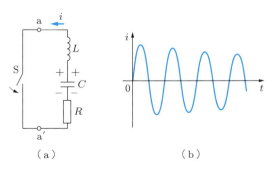

図 2.7.1　LC 直列回路における振動

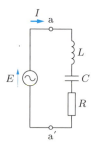

図 2.7.2 直列共振回路

L, C, R の直列接続からなる回路の複素インピーダンス Z は

$$Z = R + j\left(\omega L - \frac{1}{\omega C}\right) \tag{2.7.2}$$

だから，電流 I とその実効値 $|I|$ は

$$I = \frac{E}{R + j\left(\omega L - \dfrac{1}{\omega C}\right)} \tag{2.7.3}$$

$$|I| = \frac{E}{\sqrt{R^2 + \left(\omega L - \dfrac{1}{\omega C}\right)^2}} \tag{2.7.4}$$

となる．ここに，E は励振電圧（励振電圧を基準としているので，E は実数）である．

式 (2.7.4) を用いて電流 I の実効値を角周波数 ω に対して描いてみると，図 2.7.3(a) のような山形の曲線になる．この曲線は**共振曲線**とよばれていて，励振電圧の角周波数 ω が式 (2.7.1) で与えられる固有振動の角周波数 ω_r に等しくなると，非常に大きい電流が流れること，すなわち共振現象が起こることを示している．式 (2.7.2) から考え

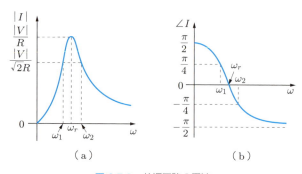

図 2.7.3 共振回路の電流

てみると，$\omega = \omega_r$ なら，L, C, R の直列接続からなる回路は，その複素インピーダンス Z のリアクタンス分が 0 となり，$Z = R$，つまり抵抗 R だけしか存在しないのと同じ状態となる．このとき，電流 $I = E/R$ となり，R が小さければ非常に大きい電流が流れることになる．

上記の共振は，キャパシタとインダクタの直列接続回路に起こる共振なので**直列共振**，あるいは電流が大きくなるので**電流共振**とよばれる．図 2.7.2 の回路は，**直列共振回路**あるいは**電流共振回路**である．共振回路では，式 (2.7.1) で与えられる ω_r は**共振角周波数**といわれる．

▶ **電圧拡大率（尖鋭度）Q**：共振の際の素子電圧を見ると，キャパシタの電圧 V_C，インダクタ電圧 V_L は

$$V_C = \frac{I}{j\omega_r C} = \frac{E}{j\omega_r CR} \tag{2.7.5}$$

$$V_L = j\omega_r LI = \frac{j\omega_r LE}{R} \tag{2.7.6}$$

となる．式 (2.7.1) を用いると，

$$V_C = -V_L \quad (\text{つまり } V_C + V_L = 0) \tag{2.7.7}$$

となることがわかる．すなわち，時間領域におけるこれらの電圧は，$\omega = \omega_r$ で実効値が等しく，位相角が π だけずれている．これらの電圧の実効値と励振電圧の実効値の比を**電圧拡大率**といい，通常 Q と記す．つまり，

$$Q = \frac{\omega_r L}{R} = \frac{1}{\omega_r CR} \tag{2.7.8}$$

であるが，R が小さいと $Q \gg 1$ である．共振の際，キャパシタとインダクタには大きい電圧が生じているのであるが，式 (2.7.7) からわかるように，それらの電圧は互いに打ち消しあっていて，抵抗の電圧 V_R が電源電圧 E と等しく，つまり

$$V_R = E \tag{2.7.9}$$

となっているのである．

図 2.7.3(a) にみられるように，励振電圧の角周波数 ω が ω_r から離れると，電流 I の実効値は急速に小さくなる．ω が非常に小さいときには，式 (2.7.3) において，R と ωL を無視して $I \fallingdotseq j\omega CE$，$|I| = \omega CE$ となり，ω が非常に大きいときには，R と $1/\omega C$ を無視して $I \fallingdotseq E/j\omega L$，$|I| = E/\omega L$ となる．また，電流 I の位相角を ω に対して描いてみると，図 2.7.3(b) のようになり，$\omega < \omega_r$ の範囲では I は E より進み，

$\omega > \omega_r$ の範囲では I は E より遅れる．共振のとき，すなわち $\omega = \omega_r$ では $I = E/R$ だから，I は E と同相になる．

図 2.7.3(a) に示したように，電流の実効値がその最大値の $1/\sqrt{2}$ になる角周波数を ω_1, ω_2 とすると，ω_1 に対しては，式 (2.7.4) から

$$\frac{1}{\sqrt{R^2 + \left(\omega_1 L - \dfrac{1}{\omega_1 C}\right)^2}} = \frac{1}{\sqrt{2}R}$$

だから，

$$\left(\omega_1 L - \frac{1}{\omega_1 C}\right)^2 = R^2 \tag{2.7.10}$$

である．ω_2 についても同様に，

$$\left(\omega_2 L - \frac{1}{\omega_2 C}\right)^2 = R^2 \tag{2.7.11}$$

が得られる．したがって，$\omega_1 < \omega_2$ とすると，

$$\omega_1 L - \frac{1}{\omega_1 C} = -R, \qquad \omega_2 L - \frac{1}{\omega_2 C} = R \tag{2.7.12}$$

である．これらの式から ω_1, ω_2 を求め，R が小さいことを用いれば，

$$\omega_1 \fallingdotseq \frac{1}{\sqrt{LC}} - \frac{R}{2L} = \omega_r - \frac{R}{2L} \tag{2.7.13}$$

$$\omega_2 \fallingdotseq \frac{1}{\sqrt{LC}} + \frac{R}{2L} = \omega_r + \frac{R}{2L} \tag{2.7.14}$$

を得る．これから，

$$\frac{\omega_2 - \omega_1}{\omega_r} = \frac{R}{L\omega_r} = \frac{1}{Q} \tag{2.7.15}$$

となることがわかる．式 (2.7.15) から，Q の値が大きいほど共振曲線は鋭く尖ってくることがわかる．それゆえ，Q は**共振曲線の尖鋭度**ともいわれる．また，ω_1 における電流 I の位相角は電圧 E のそれより $\pi/4$ だけ進んでいて，ω_2 では $\pi/4$ だけ遅れている．式 (2.7.3) は Q を用いて，次式のようにも書ける．

$$I = \frac{E}{R} \cdot \frac{1}{1 + jQ\left(\dfrac{\omega}{\omega_r} - \dfrac{\omega_r}{\omega}\right)} \tag{2.7.16}$$

▶ **遮断周波数**：これまでは計算の都合で角周波数を用いてきたが，概念的には周波数の

ほうが理解しやすい．周波数を用いると，$f_r = \omega_r/2\pi$ は**共振周波数**，また $f_1 = \omega_1/2\pi$，$f_2 = \omega_2/2\pi$ とすると，f_1, f_2 は**遮断周波数**，$f_b = f_2 - f_1$ は**帯域幅**といわれる．式 (2.7.15) は，左辺の ω を f に置き換えて用いることも多い．

なお，角周波数 ω_1, ω_2 においては，$|I|^2 = E^2/2R^2$ となるので，回路（抵抗 R）で消費される電力は，共振 ($\omega = \omega_r$) において消費される電力の $1/2$ になっている．

▶ **並列共振**： 直列共振と双対の現象は**並列共振**である．図 2.7.4 に並列共振回路を示す．図のように，並列共振回路では，キャパシタとインダクタが並列接続され，電流源で励振される．電圧と電流，キャパシタとインダクタ，抵抗とコンダクタンスというような言葉と記号の置き換えをすれば，直列共振回路について述べたことがらや式が，すべて並列共振回路にもあてはまる．たとえば，端子対 a-a' の電圧 V について，図 2.7.3 に示すような共振曲線が得られる．とくに，共振角周波数を与える式 (2.7.1) は，C と L を置き換えても変わらず，並列共振回路にも用いることができる．

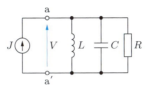

図 2.7.4 並列共振回路

例題 2.7.1 図 2.7.5 に示す並列共振回路の共振角周波数 ω_r，共振時の電圧 V，回路の Q を求めよ．ただし，$R \ll \omega L$ とする．

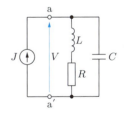

図 2.7.5

解 この回路において，端子対 a-a' から右側を見た複素アドミタンス Y は

$$Y = j\omega C + \frac{1}{R + j\omega L} = j\omega C + \frac{1}{j\omega L} \cdot \frac{1}{1 + \frac{R}{j\omega L}}$$

$$\fallingdotseq j\omega C + \frac{1}{j\omega L}\left(1 - \frac{R}{j\omega L}\right) = \frac{R}{\omega^2 L^2} + j\left(\omega C - \frac{1}{\omega L}\right) \quad (2.7.17)$$

である．したがって，

$$V \fallingdotseq \frac{J}{\frac{R}{\omega^2 L^2} + j\left(\omega C - \frac{1}{\omega L}\right)} \quad (2.7.18)$$

となる．上式において ω を変えてみると，$R \ll \omega L$ であるから，近似的に上式の分母の虚部が 0 になるときに $|V|$ が最大値をとり，共振が起こると考えてよく，共振角周波数は

$$\omega_r = \frac{1}{\sqrt{LC}} \tag{2.7.19}$$

である．このとき，

$$V = \frac{\omega_r{}^2 L^2 J}{R} = \frac{LJ}{CR} \tag{2.7.20}$$

であり，また，キャパシタに流れる電流 I_C は

$$I_C = j\omega_r CV = \frac{j\omega_r LJ}{R}$$

となる．さらに，Q は次式で与えられる．

$$Q = \frac{|I_C|}{|J|} = \frac{\omega_r L}{R} = \frac{1}{\omega_r CR} \tag{2.7.21}$$

▶ **共振回路のインピーダンスとアドミタンス**： これまでは共振現象を電圧と電流の面から見てきたが，これをインピーダンスあるいはアドミタンスの面から見てみよう．共振回路を 1 端子対回路と見て，その端子対における電圧，電流の実効値をそれぞれ $|V|$，$|I|$，インピーダンスを $|Z|$，アドミタンスを $|Y|$ とすると，$|I| = |Y||V|$，$|V| = |Z||I|$ である．直列共振回路の場合，角周波数 ω の変化に対する Y の変化を図に描いてみると，$|V|$ が一定だから，図 2.7.3 に示した共振曲線と同じ形をした曲線が得られる．共振が起こるのは $|Y|$ が最大のときである．もちろん，このとき $|Z|$ は最小となる．並列共振の場合は，$|I|$ が一定であるから，$|Z|$ が共振曲線を描くことになり，$|Z|$ が最大のとき共振が起こる．

2.8 交流回路における電力

1 端子対素子の電圧 v，電流 i が正弦波形をもち，

$$v = V_m \sin(\omega t + \psi) \tag{2.8.1}$$
$$i = I_m \sin(\omega t + \theta) \tag{2.8.2}$$

と表されるとしよう．この素子に供給される電力 p は，1.6 節で示したように，$p = vi$ で与えられる．

▶ **抵　抗**： 素子が抵抗の場合は $\theta = \psi$ となり，

$$p = V_m \sin(\omega t + \psi)\, I_m \sin(\omega t + \psi) = |V||I|\{1 - \cos(2\omega t + 2\psi)\} \quad (2.8.3)$$

となる．$|V|$ は電圧 v の実効値，$|I|$ は電流 i の実効値である．p は図 2.8.1 に示すような波形をもち，$p \geqq 0$ である．

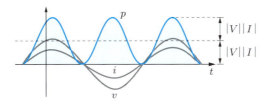

図 2.8.1　v, i, p の波形（抵抗の場合）

▶ **キャパシタ**：素子がキャパシタの場合は，式 (2.3.5) で与えたように，$\theta = \psi + \pi/2$ であり，

$$\begin{aligned} p &= V_m \sin(\omega t + \psi)\, I_m \sin\left(\omega t + \psi + \frac{\pi}{2}\right) \\ &= |V||I| \sin(2\omega t + 2\psi) \end{aligned} \quad (2.8.4)$$

となる．この場合の p は，図 2.8.2 に示すような波形をもつ．

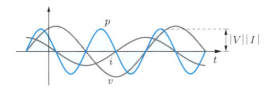

図 2.8.2　v, i, p の波形（キャパシタの場合）

▶ **インダクタ**：素子がインダクタの場合は，式 (2.3.8) で与えたように，$\theta = \psi - \pi/2$ であり，

$$\begin{aligned} p &= V_m \sin(\omega t + \psi)\, I_m \sin\left(\omega t + \psi - \frac{\pi}{2}\right) \\ &= -|V||I| \sin(2\omega t + 2\psi) \end{aligned} \quad (2.8.5)$$

となる．この場合の p は，図 2.8.3 に示すような波形をもつ．

▶ **1 端子対回路**：図 2.8.4 に示すように，励振電源を含まない 1 端子対回路 N の電圧と電流が，それぞれ式 (2.8.1) と式 (2.8.2) で与えられるとする．これらの電圧と電流の複素数表示をそれぞれ V と I，回路の複素アドミタンスを Y とすると，2.5 節で

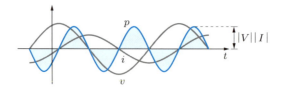

図 2.8.3　v, i, p の波形（インダクタの場合）

述べたように，$I = YV$ のように関係づけられる．位相角については，$\angle Y = \phi$ とすると，$\theta = \psi + \phi$ であり，

$$\begin{aligned}
p =& V_m \sin(\omega t + \psi) I_m \sin(\omega t + \theta) = V_m \sin(\omega t + \psi) I_m \sin(\omega t + \psi + \phi) \\
=& V_m \sin(\omega t + \psi) I_m \sin(\omega t + \psi) \cos\phi \\
& + V_m \sin(\omega t + \psi) I_m \cos(\omega t + \psi) \sin\phi \\
=& |V||I| \cos\phi \{1 - \cos(2\omega t + 2\psi)\} + |V||I| \sin\phi \sin(2\omega t + 2\psi)
\end{aligned} \tag{2.8.6}$$

となる．この場合の p の波形は図 2.8.5 に示すようになる．

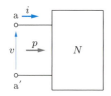

図 2.8.4　1端子対回路の電力

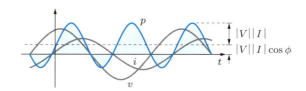

図 2.8.5　v, i, p の波形

　キャパシタあるいはインダクタの場合，$p < 0$ となる期間があるが，$p < 0$ はキャパシタあるいはインダクタから，その外部にエネルギーが送り返されていることを意味している．キャパシタあるいはインダクタは，エネルギーを蓄積できる素子であり，$p > 0$ の期間に外部から供給されたエネルギーを蓄積し，それを $p < 0$ の期間に送り返しているのである．図 2.8.5 からわかるように，一般に，キャパシタ，インダクタあるいはその両方を含む1端子対回路は，その外部からエネルギーを供給されたり，逆に回路から外部にエネルギーを供給したりしているが，抵抗を含むと，抵抗においてエネルギーが消費され（電気的なエネルギーが熱エネルギーに変わる），外部からの供給エネルギーのほうが大きくなる．このような場合，差し引きで回路に供給されるエネルギーを知るには，時間的な平均を考えなければならない．

▶ **平均電力**：電力の時間的な平均は**平均電力**とよばれ，これを P と記すと，上のよ

うに p が周期的な場合，P は次式で与えられる．

$$P = \frac{1}{T}\int_0^T p\,\mathrm{d}t \tag{2.8.7}$$

$\cos(2\omega t + 2\psi)$，$\sin(2\omega t + 2\psi)$ の時間的平均は 0 であるから，式 (2.8.4) あるいは式 (2.8.5) で与えられる p を時間的に平均すると 0 になる．つまり，$P = 0$ となり，正弦波定常状態では，キャパシタあるいはインダクタについては電力消費がない．一方，抵抗については，抵抗値を $R = 1/G$ とすると，式 (2.8.3) から

$$P = |V||I| = R|I|^2 = G|V|^2 \geqq 0 \tag{2.8.8}$$

となる．

▶ **皮相電力，力率**：1 端子対回路に対する式 (2.8.6) からは

$$P = |V||I|\cos\phi \tag{2.8.9}$$

が得られる．$|V||I|$ は**皮相電力**，$\cos\phi$ は**力率**とよばれ，

$$\text{平均電力} = \text{皮相電力} \times \text{力率} \tag{2.8.10}$$

となる．直流回路の電力が電圧と電流の積で与えられるのに比べて，正弦波定常状態の回路に供給される平均電力は，電圧の実効値 $|V|$ と電流の実効値 $|I|$ だけでは決まらず，電圧と電流の間の位相差 ϕ にも依存しているのである．

▶ **複素電力，有効電力，無効電力**：正弦波の複素数表示は，電圧や電流の計算にきわめて有効であった．複素数表示された電圧や電流から平均電力を求めることはできないだろうか．$V = |V|\mathrm{e}^{j\psi}$，$I = |I|\mathrm{e}^{j\theta}$ から単に VI としただけでは式 (2.8.9) は得られない．しかし，V あるいは I の複素共役数を用いて，$\overline{V}I$ あるいは $V\overline{I}$ を求めると，その実部が平均電力となっている．すなわち，

$$\begin{aligned}\overline{V}I &= \overline{|V|\mathrm{e}^{j\psi}}|I|\mathrm{e}^{j\theta} = |V|\mathrm{e}^{-j\psi}|I|\mathrm{e}^{j\theta} = |V||I|\mathrm{e}^{j(\theta-\psi)}\\ &= |V||I|\mathrm{e}^{j\phi} = |V||I|\cos\phi + j|V||I|\sin\phi\\ V\overline{I} &= |V|\mathrm{e}^{j\psi}\overline{|I|\mathrm{e}^{j\theta}} = |V|\mathrm{e}^{j\psi}|I|\mathrm{e}^{-j\theta} = |V||I|\mathrm{e}^{j(\psi-\theta)}\\ &= |V||I|\mathrm{e}^{-j\phi} = |V||I|\cos\phi - j|V||I|\sin\phi \end{aligned} \tag{2.8.11}$$

である．いま，電力の複素数表示を P_comp，P_comp として $\overline{V}I$ を用いることにすると，

$$P_{\text{comp}} = \overline{V}I = P + jQ, \qquad P = |V||I|\cos\phi, \qquad Q = |V||I|\sin\phi \tag{2.8.12}$$

のように書ける．**複素電力** P_{comp} の実部 P は平均電力である．P_{comp} の虚部 Q は**無効電力**といわれる．式 (2.8.6) と式 (2.8.12) を比べればわかるように．無効電力は回路とその外部との間を往復する電力の大きさを表している．平均電力は無効電力に対比して**有効電力**ともいわれる．通常，単に電力といえばこの平均電力を指す．

皮相電力は複素電力 P_{comp} の絶対値であり，

$$\text{皮相電力} = \sqrt{(\text{有効電力})^2 + (\text{無効電力})^2} \tag{2.8.13}$$

となる．式 (2.8.12) を図に描けば，図 2.8.6 のようになる．

図 2.8.7 のように，電流 I を電圧 V と同方向にある成分と直交する成分に分けてみると，V と同方法にある成分 $|I|\cos\phi$ が V とともに有効電力をつくり，直交する成分 $|I|\sin\phi$ が V と無効電力をつくるといえる．

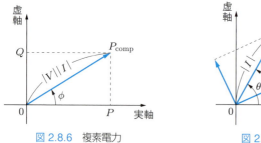

図 2.8.6　複素電力

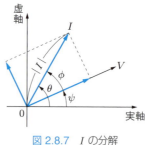

図 2.8.7　I の分解

皮相電力の単位はボルトアンペア (VA)，電力の単位はワット (W)，無効電力の単位はバール (VAR) である．

なお，複素電力としては $V\overline{I}$ を用いても差し支えない．しかし，$V\overline{I}$ を用いたときと $\overline{V}I$ を用いたときとでは，無効電力の符号が逆になることに注意する必要がある．電圧を基準として $\angle V = \psi = 0$ とするなら，$\overline{V} = V$ であるから，$P_{\text{comp}} = \overline{V}I$ を用いるのが便利である．この場合，$\angle I = \angle Y = \phi$ となる．

例題 2.8.1　図 2.8.8 において，点線の枠に囲まれた回路で消費される有効電力，皮相電力，力率を求めよ．

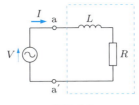

図 2.8.8

解 端子 a に流れ込む電流を I とする．L と R の直列接続回路の複素インピーダンスは，$Z = R + j\omega L$ であるから，

$$I = \frac{V}{Z} = \frac{V}{R + j\omega L} \tag{2.8.14}$$

となり，複素電力

$$P_{\text{comp}} = \overline{V}I = \frac{\overline{V}V}{R + j\omega L} = \frac{(R - j\omega L)|V|^2}{R^2 + \omega^2 L^2} \tag{2.8.15}$$

が得られる．$|V|^2$ は実数であることに注意して P_{comp} の実部を求めると，有効電力は

$$P = \frac{R|V|^2}{R^2 + \omega^2 L^2} \tag{2.8.16}$$

である．皮相電力は複素電力の絶対値を求めると，

$$|P_{\text{comp}}| = \frac{|V|^2}{\sqrt{R^2 + \omega^2 L^2}} \tag{2.8.17}$$

であり，力率は

$$\cos\phi = \frac{P}{|P_{\text{comp}}|} = \frac{R}{\sqrt{R^2 + \omega^2 L^2}} \tag{2.8.18}$$

となる．（注：$\phi = \angle(L$ と R の直列接続回路の複素アドミタンス$) = -\angle Z = -\angle(R + j\omega L)$ から $\cos\phi$ を求めてもよい．）

2.9　章末例題

例題 2.9.1　次の各組の正弦波間の位相差を求めよ．また，波形の進み・遅れの関係はどうなるか．

(1) $\sin\left(t + \dfrac{\pi}{4}\right)$ と $\sin\left(t - \dfrac{\pi}{6}\right)$　　(2) $\sin\left(400t + \dfrac{\pi}{3}\right)$ と $\cos\left(400t + \dfrac{\pi}{6}\right)$

解　(1) 位相差は $\dfrac{\pi}{4} - \left(-\dfrac{\pi}{6}\right) = \dfrac{5\pi}{12}$ で，前者が進んでいる．

(2) $\cos\left(400t + \dfrac{\pi}{6}\right) = \sin\left(400t + \dfrac{\pi}{6} + \dfrac{\pi}{2}\right)$

であるから，位相差は $\dfrac{\pi}{3} - \left(\dfrac{\pi}{6} + \dfrac{\pi}{2}\right) = -\dfrac{\pi}{3}$ で，前者が遅れている．

例題 2.9.2 次に示す正弦波の複素数表示を求めよ．

(1) $\sqrt{2}\,10\sin\left(t + \dfrac{\pi}{3}\right)$ (2) $\sqrt{2}\,6\cos\left(500t - \dfrac{\pi}{6}\right)$ (3) $2\sin 10t + 4\cos 10t$

(4) $6\sin t - 4\sin\left(t - \dfrac{\pi}{3}\right)$ (5) $2\sin 500t - 4\cos\left(500t + \dfrac{\pi}{6}\right)$

解 (1) $10\mathrm{e}^{j\frac{\pi}{3}}$ (2) $6j\mathrm{e}^{-j\frac{\pi}{6}} = 6\mathrm{e}^{j\frac{\pi}{3}}$ (3) $\sqrt{2}\,(1+2j)$

(4) $\sqrt{2}\,(3 - 2\mathrm{e}^{-j\frac{\pi}{3}}) = \sqrt{2}\,(2 + j\sqrt{3})$ (5) $\sqrt{2}\,(1 - 2j\mathrm{e}^{j\frac{\pi}{6}}) = \sqrt{2}\,(2 - j\sqrt{3})$

例題 2.9.3 例題 2.9.2 の正弦波の実効値を求めよ．

解 例題 2.9.2 の解に正弦波の複素数表示が得られているので，それらの絶対値を求めればよい．

(1) 10 (2) 6 (3) $\sqrt{2}\sqrt{1+2^2} = \sqrt{10}$

(4) $\sqrt{2}\sqrt{2^2+3} = \sqrt{14}$ (5) $\sqrt{2}\sqrt{2^2+3} = \sqrt{14}$

例題 2.9.4 次に示す正弦波に，どのような正弦波を加えれば $\sin\omega t$ と同相の正弦波が得られるか．ただし，加える正弦波の実効値は，もとの正弦波の実効値に等しいものとする．

(1) $\sqrt{2}\,5\sin\left(\omega t + \dfrac{\pi}{4}\right)$ (2) $\sqrt{2}\,6\cos\left(\omega t + \dfrac{\pi}{3}\right)$

(3) $\sqrt{2}\sin\left(\omega t + \dfrac{\pi}{4}\right) + \sqrt{2}\,2\cos\left(\omega t + \dfrac{\pi}{4}\right)$

解 加える正弦波の実効値は，もとの正弦波の実効値に等しいのであるから，これらの正弦波の複素数表示の絶対値は等しい．また，$\sin\omega t$ と同相の正弦波の複素数表示は実数である．絶対値が等しくて，加えれば実数となる二つの複素数は，互いに複素共役である．それゆえ，与えられた正弦波の複素数表示を求め，その共役複素数が表す正弦波を加えればよいことになる．

(1) 複素数表示は $5\mathrm{e}^{j\frac{\pi}{4}}$，この共役複素数は $5\mathrm{e}^{-j\frac{\pi}{4}}$，したがって $\sqrt{2}\,5\sin\left(\omega t - \dfrac{\pi}{4}\right)$ を加えればよい．

(2) 複素数表示は $6j\mathrm{e}^{j\frac{\pi}{3}}$，この共役複素数は $6(-j)\mathrm{e}^{-j\frac{\pi}{3}}$，したがって $-\sqrt{2}\,6\cos\left(\omega t - \dfrac{\pi}{3}\right)$ を加えればよい．

(3) 複素数表示は $\mathrm{e}^{j\frac{\pi}{4}} + 2j\mathrm{e}^{j\frac{\pi}{4}}$，この共役複素数は $\mathrm{e}^{-j\frac{\pi}{4}} + 2(-j)\mathrm{e}^{-j\frac{\pi}{4}}$，したがって $\sqrt{2}\sin\left(\omega t - \dfrac{\pi}{4}\right) - \sqrt{2}\,2\cos\left(\omega t - \dfrac{\pi}{4}\right)$ を加えればよい．

2.9 章末例題

例題 2.9.5 図 2.9.1 のように，抵抗とキャパシタを並列接続した回路と直列接続した回路がある．これらの回路に同じ正弦波電圧を加えたとき，流れる電流が同じとなるためには，素子値間にどのような関係が必要か．

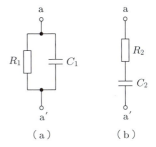

図 2.9.1

解 回路の複素インピーダンスを Z とすると，電圧 V を回路に加えたときに流れる電流は V/Z である．したがって，同じ正弦波電圧を加えたとき，流れる電流が同じとなるためには，二つの回路の複素インピーダンスが等しくなければならない．表 2.5.1 から (a) と (b) の回路の複素インピーダンスを求め，それらを等しいとおくと，

$$\frac{R_1}{1+j\omega C_1 R_1} = R_2 + \frac{1}{j\omega C_2} \tag{2.9.1}$$

となる．上式を実部と虚部に分けて整理し，

$$R_2 = \frac{R_1}{1+\omega^2 C_1^2 R_1^2}, \qquad C_2 = \frac{1+\omega^2 C_1^2 R_1^2}{\omega^2 C_1 R_1^2} \tag{2.9.2}$$

が求める関係式である．

例題 2.9.6 図 2.9.2 のように，端子対 a-a′ に実効値 E の交流電圧を加えたとき，端子対 b-b′ に現れる電圧の実効値と位相は，周波数に対してどのような変化をするか，その概略図を示せ．

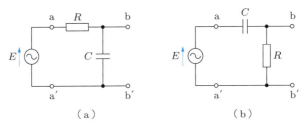

図 2.9.2

解 回路の複素インピーダンスは $R + 1/j\omega C$ であるから，回路に流れる電流 I は

$$I = \frac{E}{R + \dfrac{1}{j\omega C}} = \frac{j\omega C E}{1 + j\omega C R} \tag{2.9.3}$$

である．端子対 b-b' に現れる電圧を V，その実効値を $|V|$，位相角を $\angle V$ とする．

(a)
$$V = \frac{1}{j\omega C} I = \frac{E}{1+j\omega CR} \tag{2.9.4}$$

$$|V| = \frac{E}{|1+j\omega CR|} = \frac{E}{\sqrt{1+\omega^2 C^2 R^2}} \tag{2.9.5}$$

$$\angle V = \angle E - \angle(1+j\omega CR) = -\tan^{-1}\omega CR \tag{2.9.6}$$

(b)
$$V = RI = \frac{j\omega CRE}{1+j\omega CR} \tag{2.9.7}$$

$$|V| = \frac{|j\omega CRE|}{|1+j\omega CR|} = \frac{\omega CRE}{\sqrt{1+\omega^2 C^2 R^2}} \tag{2.9.8}$$

$$\angle V = \angle(j\omega CRE) - \angle(1+j\omega CR) = \frac{\pi}{2} - \tan^{-1}\omega CR \tag{2.9.9}$$

$|V|$，$\angle V$ の周波数 $f = \omega/2\pi$ に対する概略図を図 2.9.3 に示す．ただし，A は図 2.9.2(a) に対するもの，B は図 2.9.2(b) に対するものである．

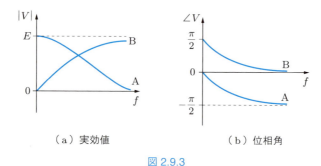

（a）実効値　　　　　　　　　（b）位相角

図 2.9.3

例題 2.9.7 図 2.9.4 に示す回路において，$\omega L = 1/2\omega C$ という関係があるときには，抵抗 R を変えてもインダクタ L を流れる電流 I の実効値 $|I|$ は変わらないことを示せ．また，R を変えても R に流れる電流 I_R が変わらないための条件を求めよ．

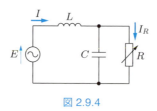

図 2.9.4

解 電源側から見た回路のインピーダンスは

$$Z = j\omega L + \frac{1}{\dfrac{1}{R}+j\omega C} = j\omega L + \frac{R}{1+j\omega CR} = \frac{R(1-\omega^2 LC)+j\omega L}{1+j\omega CR} \tag{2.9.10}$$

である．したがって，

$$I = \frac{(1+j\omega CR)E}{R(1-\omega^2 LC)+j\omega L} \tag{2.9.11}$$

となる．問題の条件を入れて整理すると，

$$I = \frac{2\omega C(1+j\omega CR)E}{(\omega CR+j)} \tag{2.9.12}$$

が得られ，したがって

$$|I| = \frac{|2\omega C(1+j\omega CR)E|}{|\omega CR+j|} = \frac{2\omega C\sqrt{1+\omega^2 C^2 R^2}E}{\sqrt{1+\omega^2 C^2 R^2}} = 2\omega CE \tag{2.9.13}$$

となり，R に無関係になる．また，I は抵抗とキャパシタに分流するが，分流電流はそれぞれの複素アドミタンスに比例するから，

$$I_R = \frac{\frac{1}{R}}{\frac{1}{R}+j\omega C}I = \frac{E}{R(1-\omega^2 LC)+j\omega L} \tag{2.9.14}$$

となる．したがって，この式における R の係数が 0 となるよう

$$1-\omega^2 LC = 0 \quad \therefore \quad \omega L = \frac{1}{\omega C} \tag{2.9.15}$$

とすれば，R を変えても I_R は変わらない．

例題 2.9.8 図 2.9.5 に示す回路において，端子対 a-b 間に容量が

$$C_1 = \frac{R_2}{R_1}C_2 \tag{2.9.16}$$

であるキャパシタを挿入すると，端子対 b-a' 間の電圧 V は

$$V = \frac{R_2 E}{R_1 + R_2} \tag{2.9.17}$$

となり，周波数に無関係となることを示せ．

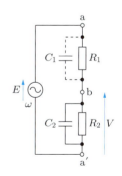

図 2.9.5

解 C_1 を挿入したときの端子対 a-b 間，b-a' 間の複素インピーダンスをそれぞれ Z_1, Z_2 とする．並列接続に対する公式と与えられた条件式 (2.9.16) を用いると，

$$Z_1 = \frac{R_1}{1+j\omega C_1 R_1} = \frac{R_1}{1+j\omega C_2 R_2} \tag{2.9.18}$$

$$Z_2 = \frac{R_2}{1+j\omega C_2 R_2} \tag{2.9.19}$$

が得られる．電圧 E は Z_1 と Z_2 によって分割され，b-a' 間の電圧 V は

$$V = \frac{Z_2}{Z_1 + Z_2} E \tag{2.9.20}$$

となる．この式に式 (2.9.18)，(2.9.19) を代入すると，

$$V = \frac{R_2 E}{R_1 + R_2} \tag{2.9.21}$$

が得られ，V は周波数と無関係になる．（注：電圧測定の際，配線間などにある浮遊キャパシタンス C_2 の影響を除くためにキャパシタ C_1 を挿入する．）

例題 2.9.9 図 2.9.6 に示す回路の複素インピーダンス Z が，周波数と無関係になるような R，L，C 間の関係を求めよ．

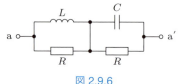

図 2.9.6

解 並列接続に対する公式と直列接続に対する公式を用いて，

$$Z = \frac{Rj\omega L}{R+j\omega L} + \frac{R}{1+j\omega CR} = \frac{R^2(1-\omega^2 LC) + 2j\omega LR}{R(1-\omega^2 LC) + j\omega(L+CR^2)} \tag{2.9.22}$$

である．これが角周波数と無関係な定数 K になるとすると，

$$\frac{R^2(1-\omega^2 LC) + 2j\omega LR}{R(1-\omega^2 LC) + j\omega(L+CR^2)} = K \tag{2.9.23}$$

であるが，この式の分母を払って ω について整理すると，

$$\begin{aligned}&-RLC(R-K)\omega^2 + j\{2LR - K(L+CR^2)\}\omega + R(R-K)\\&= 0\end{aligned} \tag{2.9.24}$$

が得られる．この式がどのような ω についても成立するように，ω^2 と ω の係数および定数項を 0 とおくと，

$$R - K = 0, \quad 2LR - K(L+CR^2) = 0 \tag{2.9.25}$$

が得られる．これから K を消去すると，次の結果となる．

$$R^2 = \frac{L}{C} \quad \therefore \quad R = \sqrt{\frac{L}{C}} \tag{2.9.26}$$

例題 2.9.10 図 2.9.7 の回路において，インダクタ L_2 に流れる電流 i_2 の位相が，電源電圧 E の位相より $90°$ だけ遅れるようにするためには，可変抵抗 R_1 の値をどのようにすればよいか．

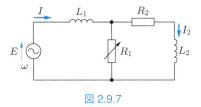

図 2.9.7

解 R_1 の電圧を V とすると，V は R_2 と L_2 の直列接続回路の電圧に等しい (KVL)．

$$V = (R_2 + j\omega L_2)I_2 \tag{2.9.27}$$

から，R_1 の電流 I_R は

$$I_R = \frac{V}{R_1} = \frac{R_2 + j\omega L_2}{R_1} I_2 \tag{2.9.28}$$

となる．次に，L_1 に流れる電流を I_L とすると，

$$I_L = I_R + I_2 \tag{2.9.29}$$

である (KCL)．L_1 の電圧を V_L とすると，

$$V_L = j\omega L_1 I_L = j\omega L_1 (I_R + I_2) \tag{2.9.30}$$

である．電圧 E は，KVL および式 (2.9.27)〜(2.9.30) を用いて，

$$\begin{aligned} E &= V_L + V = j\omega L_1(I_R + I_2) + (R_2 + j\omega L_2)I_2 \\ &= \left\{ \frac{j\omega L_1(R_2 + j\omega L_2)}{R_1} + R_2 + j\omega(L_1 + L_2) \right\} I_2 \end{aligned} \tag{2.9.31}$$

となる．この式は E と I_2 の関係を示している．右辺の最後の式における I_2 の係数を Z とすると，$E = ZI_2$ と表されるから，位相角の関係は

$$\angle E = \angle Z + \angle I_2 \tag{2.9.32}$$

となる．したがって，問題の条件を満たすためには，$\angle Z = \pi/2$ でなければならないが，これは Z が純虚数であることを意味している．つまり，Z の実部が 0 でなければならない．したがって，式 (2.9.31) から

$$-\frac{\omega^2 L_1 L_2}{R_1} + R_2 = 0 \tag{2.9.33}$$

が得られ，

$$R_1 = \frac{\omega^2 L_1 L_2}{R_2} \tag{2.9.34}$$

でなければならない．

例題 2.9.11 図 2.9.8 に示す回路の力率を求めよ．

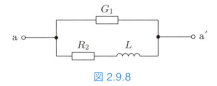

図 2.9.8

解 この回路の複素アドミタンス Y は

$$Y = G_1 + \frac{1}{R_2 + j\omega L} = \frac{1 + G_1 R_2 + j\omega L G_1}{R_2 + j\omega L}$$
$$= G_1 + \frac{R_2 - j\omega L}{R_2{}^2 + \omega^2 L^2} \qquad (2.9.35)$$

であり，$Y = G + jS$ とおくと，

$$G = G_1 + \frac{R_2}{R_2{}^2 + \omega^2 L^2} \qquad (2.9.36)$$

$$|Y| = \sqrt{\frac{(1 + G_1 R_2)^2 + (\omega L G_1)^2}{R_2{}^2 + \omega^2 L^2}} \qquad (2.9.37)$$

である．力率は，

$$\cos\phi = \cos\angle Y = \frac{G}{|Y|} \qquad (2.9.38)$$

となる．（注：$I = YV$ とすると，「I と V の位相差 $\phi = Y$ の偏角」である．）

例題 2.9.12 図 2.9.9 の回路に流れる全電流 I が一定のとき，回路に供給される電力を最大とする R の値を求めよ．

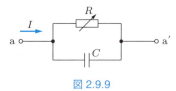

図 2.9.9

解 この回路の複素アドミタンスは $j\omega C + 1/R$ だから，回路の端子間電圧 V は

$$V = \frac{I}{j\omega C + \dfrac{1}{R}} = \frac{RI}{1 + j\omega CR} \qquad (2.9.39)$$

となる．回路に供給される複素電力 P_{comp} は

$$P_{\text{comp}} = \overline{V}I = \frac{R\overline{I}I}{1-j\omega CR} = \frac{R|I|^2}{1-j\omega CR} = \frac{(1+j\omega CR)R|I|^2}{1+\omega^2 C^2 R^2} \quad (2.9.40)$$

であり，その実部から電力 P は

$$P = \operatorname{Re} P_{\text{comp}} = \frac{R|I|^2}{1+\omega^2 C^2 R^2} \quad (2.9.41)$$

となる．次に，抵抗 R を変えて P を最大にすることを考える．

$$P = \frac{|I|^2}{\dfrac{1}{R}+\omega^2 C^2 R} \quad (2.9.42)$$

と書けるが，右辺の分母の 2 項の積は R を含まない．それゆえ，これらの 2 項が等しいときに 2 項の和が最小になる．つまり，

$$\frac{1}{R} = \omega^2 C^2 R \quad \therefore \quad R = \frac{1}{\omega C} \quad (2.9.43)$$

のときに P が最大となる．

演習問題

2.1 次に示す正弦波について，$\sin\omega t$ に対する位相差を求めよ．
(1) $\sin\left(\omega t - \dfrac{3\pi}{2}\right)$ (2) $\cos\left(\omega t + \dfrac{\pi}{4}\right)$ (3) $-\sin\left(\omega t + \dfrac{\pi}{6}\right)$
(4) $\sin\omega t + \cos\omega t$ (5) $\sin\omega t - \cos\omega t$

2.2 正弦波 $\sin(\omega t + \theta)$ の $\sin\omega t$ に対する位相差と $\cos\omega t$ に対する位相差はどれだけ異なるか．

2.3 次に示す正弦波の複素数表示を求めよ．
(1) $\sqrt{2}\,200\sin\left(\omega t + \dfrac{\pi}{3}\right)$ (2) $\sqrt{2}\,(6\sin\omega t + 8\cos\omega t)$
(3) $\sqrt{2}\left\{6\sin\left(\omega t + \dfrac{\pi}{4}\right) - 8\cos\left(\omega t + \dfrac{\pi}{4}\right)\right\}$ (4) $\sqrt{2}\left\{3\sin\omega t + 3\sin\left(\omega t + \dfrac{2\pi}{3}\right)\right\}$

2.4 角周波数 $\omega = 400\,\text{rad/s}$（周波数は約 60 Hz）として問図 2.1 の回路の複素インピーダンスと複素アドミタンスを求めよ．

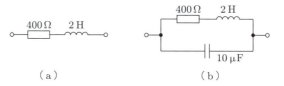

問図 2.1

2.5 問図 2.2 の回路の複素インピーダンスと複素アドミタンスを求めよ．

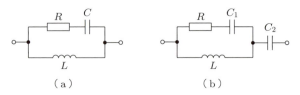

問図 2.2

2.6 問図 2.1 の回路に実効値 200 V, 角周波数 400 rad/s（周波数約 60 Hz）の正弦波電圧を加えたとして，回路に流れる電流の実効値を求めよ．

2.7 1 端子対回路の電圧と電流が次のように与えられるとき，この回路の複素インピーダンスを求めよ．
(1) $v = 8\cos\omega t$, $i = 2\sin\left(\omega t + \dfrac{\pi}{6}\right)$ (2) $v = 5\sin\omega t$, $i = \cos\left(\omega t - \dfrac{\pi}{4}\right)$
(3) $v = 6\cos\left(\omega t + \dfrac{\pi}{4}\right)$, $i = 3\sin\left(\omega t + \dfrac{\pi}{3}\right)$

2.8 問図 2.3 の回路に流れる電流 I が電圧 E と同相となるためには，抵抗 R_2 の値をどのようにすればよいか．ただし，$\omega L < 1/\omega C$ とする．

2.9 問図 2.4 の回路において，インダクタ L を流れる電流を電圧 E に対し $60°$ だけ遅らせたい．抵抗 R をどのように選べばよいか．

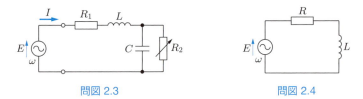

問図 2.3   問図 2.4

2.10 問図 2.5 の回路において，全電流 I を周波数と無関係に，一定の割合で R_1 と R_2 に分流させるためには，C_2 をどのように選べばよいか．

2.11 問図 2.6 に示す回路における電圧 V, 電流 I_R, I_C を電圧 E を基準としたフェーザ図に示せ．

2.12 問図 2.7 に示す回路における電圧 V, 電流 I_R, I_C, I_r を，電圧 E を基準としたフェーザ図に示せ．

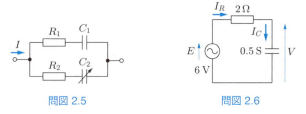

問図 2.5   問図 2.6

2.13 問図 2.8 に示す回路において，キャパシタンス C を変化させたときの電圧 V のフェーザ軌跡を示せ．

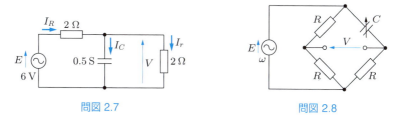

問図 2.7　　　　　　　　　　　問図 2.8

2.14 問図 2.9 の回路において，抵抗 R を変化させても電圧 V の実効値は変わらず，電圧 E に対する位相角だけが変化するという．L, C, ω の間にはどのような関係があるか．R を変化させたときの電圧 E を基準とした V のフェーザ軌跡を描け．

2.15 $C = 0.01\,\mu\text{F}$, $L = 10\,\text{mH}$, $R = 10\,\Omega$ を直列接続した回路の共振周波数，Q，帯域幅を求めよ．また，$C = 0.01\,\mu\text{F}$, $L = 10\,\text{mH}$, $R = 100\,\text{k}\Omega$ を並列接続した回路の共振周波数，Q，帯域幅はどうなるか．

2.16 問図 2.10 の回路は並列共振回路であるが，共振は回路の複素アドミタンスの虚部が 0 のときに起こる．この回路の共振周波数を求めよ．

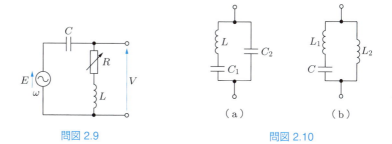

問図 2.9　　　　　　　　　　　問図 2.10

2.17 問図 2.11 の回路において，電源が供給する皮相電力，有効電力，無効電力を求めよ．

2.18 問図 2.12 の回路において，電源が供給する皮相電力，有効電力，無効電力を求めよ．また，力率が 1 となるための条件を求めよ．

問図 2.11　　　　　　　　　　　問図 2.12

3章
回路の諸定理

　素子の電圧・電流特性を表す式，KVL 方程式，KCL 方程式を連立させて解くという基本的な解析法は，コンピュータを利用するような場合に非常に有効である．コンピュータは，連立方程式を機械的に解くというようなことが得意だからである．4章で示すように，方程式の一部の変数を消去した後，コンピュータに解かせるということもよく行われる．一方，回路の性質を理解したいというような場合は，コンピュータを用いる場合のように，数値計算による解析ばかりでなく，回路を直感的に見られるような手法も用いるのがよい．すでに，1.5 節においてそのような手法の一部を紹介した．合成抵抗，重ね合わせの理，テブナンの等価回路，ノートンの等価回路などは，回路を簡単にすることにより，回路の性質を理解しやすくするための手法ともいえる．1.5 節は抵抗回路に対するものであったが，2 章において交流回路も，複素数領域では抵抗回路と同じような解析法が適用できることを示したので，1.5 節の手法が交流回路にも適用できることが予想できるだろう．この章では，正弦波定常状態にある回路に対してよく用いられる手法を解説する．とくに，重ね合わせの理は，角周波数の異なる電源（直流は周波数 = 0 と見る）が存在する場合に有用である．しかし，その適用条件と適用法に十分注意する必要がある．

3.1　回路の基本的性質

　これまでのところ，抵抗，キャパシタ，インダクタ，それに加えて電源を含む回路を取り扱ってきた．このような回路は **RLC 回路**とよばれ，次のような性質をもっている．これらの性質は，回路解析に用いられるさまざまな手法の基礎になっているので，それらのもつ意味を十分理解しておく必要がある．

▶ **線形性**：時間領域における回路に対する方程式，すなわち素子の電圧・電流特性を表す方程式，KVL 方程式，KCL 方程式は，すべて電圧・電流に関して線形方程式で

ある.つまり,これらの方程式のなかには,電圧や電流を表す変数がすべて1次の項として含まれ,v^2, i^2, $\sqrt{v}$,あるいは vi というような項は存在しない.このように回路に対する方程式が線形である回路を**線形回路**という.線形回路でない回路は**非線形回路**である.KVL 方程式と KCL 方程式は線形なので,線形か非線形かは,素子の電圧・電流特性によって決まる.電圧によってキャパシタンスが変わるようなバラクタや,飽和鉄心をもつインダクタを含む回路は,非線形回路である.

2章に述べた電圧あるいは電流の複素数表示を用いた解析法は,基本的に線形回路に対するものである.

▶ **時間不変性**:抵抗値,キャパシタンス,インダクタンスが時間によって変わらないと,回路に対する方程式における電圧あるいは電流の係数は定数である.また,素子間の接続を変えない限り,KVL 方程式,KCL 方程式は変わらない.このように時間によって回路に対する方程式が変わらないような回路を**時間不変回路**という.抵抗値が時間の関数である場合とか,回路にスイッチが含まれていて,スイッチの開閉によって素子の接続状態が変わるような回路は,**時間変化回路**である.

▶ **受動性**:これまで取り扱ってきた抵抗,キャパシタ,インダクタにおいてエネルギーが発生することはない.このような素子から構成され,回路内でエネルギーを発生しない回路を**受動回路**という.逆に,回路内でエネルギーを発生しえる回路を**能動回路**という.トランジスタを用いた**増幅回路**などは能動回路である.ただし,この場合,回路内で発生するエネルギーは,信号に関するものを考えていて,増幅回路は電源回路からそれ以上のエネルギーを受けている.

以上の性質は回路全般にかかわるもので,どのような回路についても,これらの性質をもつかどうかの認識は,正しい回路解析を行うための必要条件といえよう.

3.2 重ね合わせの理

重ね合わせの理は線形回路に対して成立する.逆に,重ね合わせの理が成立する回路が線形回路と考えてよい.この節では,周波数の異なる電源を含む線形回路の正弦波定常解析に,重ね合わせの理をどのように用いればよいかに重点を置いて解説する.

時間領域では,周波数の異なる電源を含んでいても重ね合わせの理が成立する.重ね合わせの理を用いた解析法は次のようになる.

解析手順

Step 1 　同じ周波数をもつ電源のみを残して,ほかの電圧源を短絡除去,電流源を開放除去する.この際,回路中の素子の電圧・電流の方向は,もとの回路で定めた

ものと一致させる.

Step 2 Step 1 で得られた回路の各々において,次のような解析を行う.
(a) 回路が正弦波電源によって励振されているなら,2 章で述べた正弦波の複素数表示を用いた解析法を適用し,目的とする素子電圧あるいは素子電流を求める.この際,複数個の電源があれば,複素数領域で重ね合わせの理を適用してよい.得られた複素数表示による電圧あるいは電流から,時間領域の電圧あるいは電流を求める.
(b) 回路が直流電源によって励振されているなら,定常状態ではキャパシタの電流 $= 0$(キャパシタを開放除去することに対応する),インダクタの電圧 $= 0$(インダクタを短絡除去することに対応する)を用いて回路を簡単化し,目的とする素子電圧あるいは素子電流を求める.これは時間領域における解析であり,得られた電圧・電流は時間領域の電圧・電流である.

Step 3 各々の回路で得られた時間領域における電圧あるいは電流を,それぞれの素子について加え合わせる.

上述の解析法では,素子の電圧あるいは電流を求めることとしているが,素子以外の電圧あるいは電流を求めたい場合も同様である.

例題 3.2.1 図 3.2.1 に示す回路における抵抗 R の電圧を求めよ.ただし,

$$e_1 = \sqrt{2}\,40\sin 400t, \qquad j_2 = \sqrt{2}\,5\cos 600t, \qquad R = 2, \qquad C = 0.001 \tag{3.2.1}$$

である.

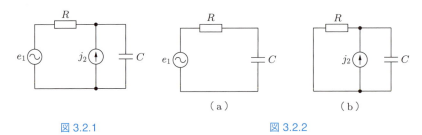

図 3.2.1   図 3.2.2

解 回路の電源の周波数が異なるので,個々の電源を含む回路を求めると図 3.2.2 のようになる.それぞれの回路を複素数領域で解析する.まず,図 3.2.2(a) の回路の電圧源電圧の複素数表示は $E_1 = 40$ である.抵抗 R とキャパシタ C の直列回路の複素インピーダンスは $R + 1/j\omega C = 2 - j2.5$ であるから,抵抗 R に流れる電流と電圧の複素数表示

はそれぞれ

$$I_{R1} = \frac{40}{2 - j2.5} \tag{3.2.2}$$

$$V_{R1} = \frac{2 \times 40}{2 - j2.5} \tag{3.2.3}$$

となる．これから，抵抗 R の電圧の時間関数は

$$v_{R1} = \frac{\sqrt{2}\,80}{\sqrt{2^2 + 2.5^2}} \sin\left(400t + \tan^{-1}\frac{2.5}{2}\right) \tag{3.2.4}$$

となる．次に，図 3.2.2(b) の回路の電流源電流の複素数表示は $J_2 = j5$ である．抵抗 R とキャパシタ C の並列回路の複素アドミタンスは $1/R + j\omega C = 0.5 + j0.6$ であるから，抵抗 R の電圧の複素数表示は（電圧の方向は V_{R1} に合わせる）

$$V_{R2} = \frac{-j5}{0.5 + j0.6} \tag{3.2.5}$$

となる．これから抵抗 R の電圧の時間関数は

$$v_{R2} = \frac{-\sqrt{2}\,5}{\sqrt{0.5^2 + 0.6^2}} \cos\left(600t - \tan^{-1}\frac{0.6}{0.5}\right) \tag{3.2.6}$$

となる．重ね合わせの理を用いて，式 (3.2.4) と式 (3.2.6) から抵抗 R の電圧の時間関数

$$v_R = v_{R1} + v_{R2} \tag{3.2.7}$$

が得られる．

例題 3.2.2 図 3.2.3 に示す回路における抵抗 R の電流を求めよ．ただし，

$$j_2 = \sqrt{2}A\cos\omega t \tag{3.2.8}$$

である．

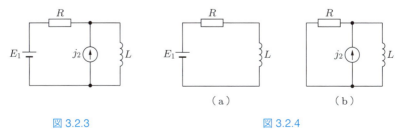

図 3.2.3 　　　　　　　　　図 3.2.4

解 電源は直流電源と正弦波電源なので，個々の電源を含む回路を求めると，図 3.2.4 の

ようになる．まず，図 3.2.4(a) の回路では，インダクタが短絡とみなせるので，抵抗 R に流れる電流は

$$i_{R1} = \frac{E_1}{R} \tag{3.2.9}$$

となる．次に，図 3.2.4(b) の回路の電流源電流の複素数表示は，$J_2 = jA$ である．抵抗 R とインダクタ L の並列回路の複素アドミタンスは $1/R + 1/j\omega L$ であるから，抵抗 R の電圧と電流の複素数表示はそれぞれ（方向は V_{R1}, I_{R1} に合わせる）

$$V_{R2} = \frac{-J_2}{\dfrac{1}{R} + \dfrac{1}{j\omega L}} = \frac{-j\omega L R J_2}{R + j\omega L} \tag{3.2.10}$$

$$I_{R2} = \frac{V_{R2}}{R} = \frac{-j\omega L J_2}{R + j\omega L} = \frac{\omega L A}{R + j\omega L} \tag{3.2.11}$$

となる．式 (3.2.11) から抵抗 R の電流の時間関数は

$$i_{R2} = \frac{\sqrt{2}\,\omega L A}{\sqrt{R^2 + \omega^2 L^2}} \sin\left(\omega t - \tan^{-1}\frac{\omega L}{R}\right) \tag{3.2.12}$$

となる．重ね合わせの理を用いて，式 (3.2.9) と式 (3.2.12) から，抵抗 R の電流の時間関数は次式で与えられる．

$$i_R = i_{R1} + i_{R2} \tag{3.2.13}$$

周波数の異なる電源を含む線形回路に重ね合わせの理を適用するのは，時間領域においてであり，たとえば，例題 3.2.1 で複素数領域において $V_R = V_{R1} + V_{R2}$ としたりしてはならない．これは複素数表示を用いた解析法は，回路のどの電圧あるいは電流も同じ周波数の正弦波であるということを前提にしているからである．

3.3 テブナン等価回路とノートン等価回路

1.5 節においては，抵抗回路と電源を含む 1 端子対回路に対するテブナン等価回路とノートン等価回路を示した．これらの定理は，端子対から見ると，1 端子対回路が一つの電源と一つの抵抗とからなる回路に置き換えられることを示している．このように回路を簡単化すると，解析も簡単になるため，テブナン等価回路あるいはノートン等価回路は大規模な回路の解析によく用いられる．

複素数領域においては，RLC 回路に対するテブナン等価回路とノートン等価回路を下記のように求めることができる．証明は省略する（証明は小澤著「電気回路 I」（昭

晃堂・朝倉書店）などを参照）が，テブナン等価回路とノートン等価回路は，重ね合わせの理に基づいて求められるものである．複素数領域における等価回路であるから，回路に含まれる電源の周波数はみな同じでなければならない．回路に含まれる電源の周波数が異なったり，直流電源を含む場合は，時間領域において重ね合わせの理を適用し，まず，含まれる電源の周波数が同じとなるように回路を分け，その後，テブナン等価回路あるいはノートン等価回路を求めればよい．

▶ **テブナン等価回路**： 図 3.3.1 に示すように，電源を含む RLC1 端子対回路 N は，1 個の電圧源と 1 個の複素インピーダンス素子を直列接続した回路に置き換えることができる．この置き換えで得られた回路を回路 N の**テブナン等価回路**といい，

　　電圧源の電圧 E_T

　　　　= 回路 N の端子対 a-a′ から右側を開放したとき，N の端子対

　　　　 a-a′ に現れる電圧　　　　　　　　　　　　　　　　　　　(3.3.1)

　　複素インピーダンス Z_T

　　　　= 回路 N に含まれる電圧源を短絡除去，電流源を開放除去して

　　　　 得られる回路の端子対 a-a′ から見た複素インピーダンス　　(3.3.2)

のように与えられる．

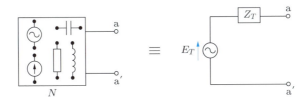

図 3.3.1　テブナン等価回路

▶ **ノートン等価回路**： 図 3.3.2 に示すように，電源を含む RLC1 端子対回路 N は，1 個の電流源と 1 個の複素アドミタンス素子を並列接続した回路に置き換えることができる．この置き換えで得られた回路を回路 N の**ノートン等価回路**といい，

　　電流源の電流 J_N

　　　　= 回路 N の端子対 a-a′ を短絡したとき，N の端子対 a-a′ に

　　　　 流れる電流　　　　　　　　　　　　　　　　　　　　　　(3.3.3)

　　複素アドミタンス Y_N

　　　　= 回路 N に含まれる電圧源を短絡除去，電流源を開放除去して

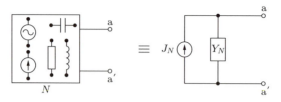

図 3.3.2 ノートン等価回路

得られる回路の端子対 a-a′ から見た複素アドミタンス $= 1/Z_T$
$$\tag{3.3.4}$$

のように与えられる．

式 (3.3.1)〜(3.3.4) からわかるように，複素数領域におけるテブナン等価回路やノートン等価回路は，抵抗回路の場合とほぼ同じようにして求められる．

例題 3.3.1 図 3.3.3 に示す回路の端子対 a-a′ から見たテブナン等価回路の電圧源の電圧 E_T，複素インピーダンス Z_T，ノートン等価回路の電流源の電流 J_N，複素アドミタンス Y_N を求めよ．

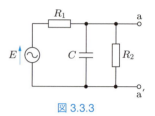

図 3.3.3

解 まず，端子対 a-a′ に現れる電圧を求める．キャパシタ C と抵抗 R_2 の並列接続の複素アドミタンス Y_2 と複素インピーダンス Z_2 は，それぞれ

$$Y_2 = j\omega C + \frac{1}{R_2}, \qquad Z_2 = \frac{1}{Y_2} = \frac{R_2}{1 + j\omega C R_2} \tag{3.3.5}$$

である．図 3.3.4(a) に示されるように，R_1 と Z_2 とは直列になっているので，Z_2 の電圧 V_2 は，E を R_1 と Z_2 とで分割した値となり，

$$V_2 = \frac{Z_2 E}{R_1 + Z_2} = \frac{R_2 E}{R_1 + R_2 + j\omega C R_1 R_2} = E_T \tag{3.3.6}$$

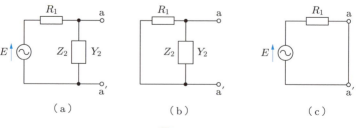

図 3.3.4

となる．V_2 は端子対 a-a' に現れる電圧でもあり，テブナン等価回路の電源電圧 $E_T = V_2$ である．次に，電圧源 E を短絡除去すると図 3.3.4(b) が得られるが，図からわかるように，R_1 と Y_2 とは端子対 a-a' から見て並列になっているので，その合成複素アドミタンスは

$$\frac{1}{R_1} + Y_2 = \frac{1}{R_1} + \frac{1}{R_2} + j\omega C = \frac{R_1 + R_2 + j\omega C R_1 R_2}{R_1 R_2} = \frac{1}{Z_T} = Y_N \tag{3.3.7}$$

となる．この式は，テブナン等価回路とノートン等価回路に現れる複素インピーダンスと複素アドミタンスを与えている．ノートン等価回路の電流源電流を求めるために端子対 a-a' を短絡すると，キャパシタ C と抵抗 R_2 に流れる電流はなくなり（電圧が 0 であるから），これらを開放除去して考えてよい．したがって，図 3.3.4(c) からノートン等価回路の電流源電流

$$J_N = \frac{E}{R_1} \tag{3.3.8}$$

が得られる．（**注**：この例のように，テブナン等価回路とノートン等価回路の一方が他方より求めやすい場合がある．）

例題 3.3.2 図 3.3.3 の回路の端子対 a-a' にインダクタ L を接続したとき，L に流れる電流を求めよ．また，抵抗 R_3 を接続したとき，R_3 に流れる電流を求めよ．
解 テブナン等価回路を用いると，複素インピーダンス Z_T とインダクタ L の直列接続が電圧源 E_T に接続されることになるので，

$$I_L = \frac{E_T}{Z_T + j\omega L} \tag{3.3.9}$$

となる．同様に，R_3 を接続したときに流れる電流は次のようになる．

$$I_R = \frac{E_T}{Z_T + R_3} \tag{3.3.10}$$

3.4　相反定理

　回路解析あるいは回路設計には，回路のもつ性質を制約として考慮にいれなければならないことが多い．回路を 2 端子対回路として見たとき，回路のもつ性質が端子対における電圧・電流特性として現れる．このような電圧・電流特性の一つに相反定理として与えられるものがある．

複素数領域において電源を含まない RLC 回路 N を考え，図 3.4.1(a) のように，N から 2 組の端子対 1-1' と 2-2' を取り出し，端子対 1-1' に電圧源を接続し，端子対 2-2' を短絡したとする．電圧源電圧を E_1，短絡電流を I_2 とする．次に，図 3.4.1(b) のように端子対 2-2' に電圧源を接続し，端子対 1-1' を短絡したとする．このときの電圧源電圧を E_2，短絡電流を I_1 とする．これらの電圧・電流について，次の相反定理が成立する．

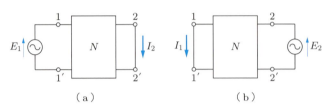

図 3.4.1 相反定理

相反定理

$$\frac{E_1}{I_2} = \frac{E_2}{I_1} \tag{3.4.1}$$

とくに，$E_1 = E_2$ なら $I_1 = I_2$ である．

相反定理は，電圧・電流の方向も含めて成立する定理であるから，E_1 と E_2，I_1 と I_2 の方向の相互関係には十分注意しなければならない．

例題 3.4.1 図 3.4.2 の回路において相反定理を確かめよ．

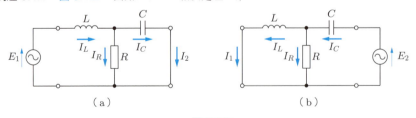

図 3.4.2

解 L, C, R に流れる電流を，それぞれ I_L, I_C, I_R とする．同図 (a) においては

$$\left. \begin{array}{l} I_L = I_C + I_R \\ j\omega L I_L + R I_R = E_1 \\ R I_R = \dfrac{I_C}{j\omega C} \end{array} \right\} \tag{3.4.2}$$

が成立するから，

$$\left.\begin{array}{l} I_R = \dfrac{I_C}{j\omega CR} \\ I_L = I_C + \dfrac{I_C}{j\omega CR} = \left(\dfrac{1+j\omega CR}{j\omega CR}\right) I_C \end{array}\right\} \quad (3.4.3)$$

となり，I_R, I_L を消去すると，

$$I_C = \dfrac{j\omega CRE_1}{R(1-\omega^2 CL) + j\omega L} = I_2 \quad (3.4.4)$$

を得る．また，同図 (b) においては

$$\left.\begin{array}{l} I_C = I_R + I_L \\ \dfrac{1}{j\omega C} I_C + RI_R = E_2 \\ RI_R = j\omega L I_L \end{array}\right\} \quad (3.4.5)$$

が成立し，

$$\left.\begin{array}{l} I_R = \dfrac{j\omega L}{R} I_L \\ I_C = \dfrac{j\omega L}{R} I_L + I_L = \dfrac{R+j\omega L}{R} I_L \end{array}\right\} \quad (3.4.6)$$

となるから，I_R, I_C を消去すると，

$$I_L = \dfrac{j\omega CRE_2}{R(1-\omega^2 CL) + j\omega L} = I_1 \quad (3.4.7)$$

が得られる．式 (3.4.4) と式 (3.4.7) を用いると，式 (3.4.1) が容易に確かめられる．

3.5　Δ-Y 変換

3.3 節では，1 端子対回路の端子対から見た電圧・電流特性に注目して，複雑な回路を簡単なテブナン等価回路あるいはノートン等価回路に置き換えた．この節では，3 個の端子から見た複素数領域における電圧・電流特性に注目すると等価であるような二つの回路について述べる．この二つの回路は図 3.5.1 に示したようなものであり，その接続の形から同図 (a) は **Δ 型回路**，同図 (b) は **Y 型回路**とよばれ，これらの回路の間の変換は **Δ-Y 変換**とよばれる．Δ-Y 変換は，テブナン等価回路やノートン等価回路と同様，回路解析を簡単化するための手法の一つである．回路設計や回路診断にもよく用いられる．

Δ 型回路に含まれる複素インピーダンスには，端子 a, b, c の向かい側のものにそ

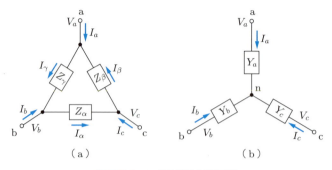

図 3.5.1　Δ型回路とY型回路

れぞれ α, β, γ という添字がつけられ，Y型回路に含まれる複素アドミタンスには，端子 a, b, c に接続されるものにそれぞれ a, b, c という添字がつけられる．このように添字をつけるのは，変換の式が規則的になるようにするためである．

3個の端子から見て，二つの回路が電圧・電流特性に関して**等価**であるための条件は，二つの回路に同じ端子電圧 V_a, V_b, V_c（任意の点を基準とした電圧）を加えたとき，端子に流れ込む電流 I_a, I_b, I_c が二つの回路で等しくなることである．

まず，Δ型回路において Z_α, Z_β, Z_γ に流れる電流 I_α, I_β, I_γ は，

$$I_\alpha = \frac{V_b - V_c}{Z_\alpha} \tag{3.5.1}$$

$$I_\beta = \frac{V_c - V_a}{Z_\beta} \tag{3.5.2}$$

$$I_\gamma = \frac{V_a - V_b}{Z_\gamma} \tag{3.5.3}$$

である．端子に流れ込む電流は

$$I_a = I_\gamma - I_\beta \tag{3.5.4}$$

$$I_b = I_\alpha - I_\gamma \tag{3.5.5}$$

$$I_c = I_\beta - I_\alpha \tag{3.5.6}$$

である．式 (3.5.4) と式 (3.5.2), (3.5.3) から次式を得る．

$$I_a = \left(\frac{1}{Z_\gamma} + \frac{1}{Z_\beta}\right)V_a - \frac{1}{Z_\gamma}V_b - \frac{1}{Z_\beta}V_c \tag{3.5.7}$$

次に，Y型回路では，中央の点 n の電圧を V_n とすると，

$$I_a = Y_a(V_a - V_n) \tag{3.5.8}$$

$$I_b = Y_b(V_b - V_n) \tag{3.5.9}$$

$$I_c = Y_c(V_c - V_n) \tag{3.5.10}$$

である.点 n にキルヒホフの電流法則を適用すると,

$$I_a + I_b + I_c = 0 \tag{3.5.11}$$

を得るので,式 (3.5.8)〜(3.5.10) を式 (3.5.11) に代入して V_n を求めると,

$$V_n = \frac{Y_a V_a + Y_b V_b + Y_c V_c}{Y_a + Y_b + Y_c} \tag{3.5.12}$$

となる.この式を式 (3.5.8) に入れると,

$$I_a = \frac{Y_a\{(Y_b + Y_c)V_a - Y_b V_b - Y_c V_c\}}{Y_a + Y_b + Y_c} \tag{3.5.13}$$

である.

二つの回路を等価とする条件が成立するためには,式 (3.5.7) の右辺と式 (3.5.13) の右辺における V_a, V_b, V_c の係数が等しくなければならない.すなわち,

$$\frac{1}{Z_\gamma} + \frac{1}{Z_\beta} = \frac{Y_a(Y_b + Y_c)}{Y_a + Y_b + Y_c} \tag{3.5.14}$$

$$\frac{1}{Z_\gamma} = \frac{Y_a Y_b}{Y_a + Y_b + Y_c} \tag{3.5.15}$$

$$\frac{1}{Z_\beta} = \frac{Y_c Y_a}{Y_a + Y_b + Y_c} \tag{3.5.16}$$

でなければならない.式 (3.5.15) と式 (3.5.16) が成り立てば,式 (3.5.14) も成り立つので,式 (3.5.14) は余分である.

電流 I_b, I_c についても上と同じように考えれば,式 (3.5.15) と式 (3.5.16) のほかに

$$\frac{1}{Z_\alpha} = \frac{Y_b Y_c}{Y_a + Y_b + Y_c} \tag{3.5.17}$$

を得る.式 (3.5.15)〜(3.5.17) を書き直し,Y 型回路から Δ 型回路への変換式は次のようになる.

Y-Δ 変換

$$Z_\alpha = \frac{Y_a + Y_b + Y_c}{Y_b Y_c} \tag{3.5.18}$$

$$Z_\beta = \frac{Y_a + Y_b + Y_c}{Y_c Y_a} \tag{3.5.19}$$

$$Z_\gamma = \frac{Y_a + Y_b + Y_c}{Y_a Y_b} \tag{3.5.20}$$

Δ 型回路から Y 型回路への変換式は, 式 (3.5.18)~(3.5.20) を Y_a, Y_b, Y_c について解けば求められる. まず, これら 3 式を加えると,

$$\begin{aligned} Z_\alpha + Z_\beta + Z_\gamma &= (Y_a + Y_b + Y_c)\left(\frac{1}{Y_b Y_c} + \frac{1}{Y_c Y_a} + \frac{1}{Y_a Y_b}\right) \\ &= \frac{(Y_a + Y_b + Y_c)^2}{Y_a Y_b Y_c} \end{aligned} \tag{3.5.21}$$

が得られる. 次に, 式 (3.5.19) と式 (3.5.20) を掛け合わせると

$$Z_\beta Z_\gamma = \frac{(Y_a + Y_b + Y_c)^2}{Y_a^2 Y_b Y_c} \tag{3.5.22}$$

であり, この式と式 (3.5.21) から, 次の変換式 (3.5.23) が求められる. さらに, 同様にして式 (3.5.24), (3.5.25) が得られる.

Δ-Y 変換

$$Y_a = \frac{Z_\alpha + Z_\beta + Z_\gamma}{Z_\beta Z_\gamma} \tag{3.5.23}$$

$$Y_b = \frac{Z_\alpha + Z_\beta + Z_\gamma}{Z_\gamma Z_\alpha} \tag{3.5.24}$$

$$Y_c = \frac{Z_\alpha + Z_\beta + Z_\gamma}{Z_\alpha Z_\beta} \tag{3.5.25}$$

形式的には, 式 (3.5.23), 式 (3.5.24), 式 (3.5.25) は, それぞれ式 (3.5.18), 式 (3.5.19), 式 (3.5.20) から, Y と Z, a と α, b と β, c と γ を入れ替えれば求められ, 逆に, 式 (3.5.18), 式 (3.5.19), 式 (3.5.20) は, それぞれ式 (3.5.23), 式 (3.5.24), 式 (3.5.25) から同様の入れ替えによって求められる.

例題 3.5.1 図 3.5.2 の Δ 型回路に等価な Y 型回路を求めよ．

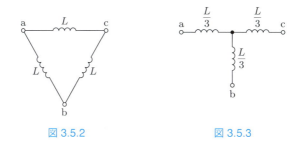

図 3.5.2　　　　　図 3.5.3

解 この回路の対称性から $Y_a = Y_b = Y_c$ である．式 (3.5.23) において $Z_\alpha = Z_\beta = Z_\gamma = j\omega L$ とすれば，

$$Y_a = Y_b = Y_c = \frac{3j\omega L}{(j\omega L)^2} = \frac{3}{j\omega L} \tag{3.5.26}$$

である．等価な Y 型回路を図 3.5.3 に示す．

例題 3.5.2 図 3.5.4 に示した Y 型回路と等価な Δ 型回路の複素インピーダンスを求めよ．

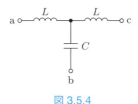

図 3.5.4

解 式 (3.5.18)〜(3.5.20) から以下を得る．

$$Z_\alpha = Z_\gamma = \frac{\frac{1}{j\omega L} + \frac{1}{j\omega L} + j\omega C}{\frac{1}{j\omega L} \cdot j\omega C} = \frac{2 - \omega^2 LC}{j\omega C} \tag{3.5.27}$$

$$Z_\beta = \frac{\frac{1}{j\omega L} + \frac{1}{j\omega L} + j\omega C}{\frac{1}{j\omega L} \cdot \frac{1}{j\omega L}} = j\omega L(2 - \omega^2 LC) \tag{3.5.28}$$

3.6 ブリッジ回路

この節では，種々の測定によく用いられる**ブリッジ回路**について解説する．ブリッジ回路の概念は，回路解析・回路設計においてもきわめて重要である．

基本的なブリッジ回路を図 3.6.1 に示す．節点対 a-a' には電圧源が，節点対 b-b' には検出器 D が接続されている．ブリッジ回路に対する基本操作は，複素インピーダンス Z_1, Z_2, Z_3, Z_4 の全部あるいは一部を変えて，あるいは電源の周波数を変えて，D の電圧が 0 になるようにすることである．D のアドミタンスは無限大ではないので，D の電圧が 0 なら，その電流も 0 である．節点対 b-b' における電圧も電流も 0 であれば，**ブリッジ回路は平衡している**といわれる．次に，ブリッジ回路が平衡する条件を求めよう．

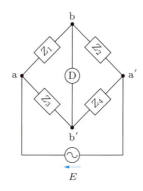

図 3.6.1　ブリッジ回路

ブリッジ回路が平衡しているとき，節点 a' を基準として，節点 b と b' の電圧を求めてみると，それぞれ $Z_2 E/(Z_1 + Z_2)$, $Z_4 E/(Z_3 + Z_4)$ となる．したがって b-b' 間の電圧が 0 となるためには，これらの電圧が等しくなければならない．つまり，

$$\frac{Z_2 E}{Z_1 + Z_2} = \frac{Z_4 E}{Z_3 + Z_4} \tag{3.6.1}$$

でなければならないが，この式の分母を払って整理すると，次のような条件式が得られる．

ブリッジの平衡条件

$$Z_1 Z_4 = Z_2 Z_3 \tag{3.6.2}$$

式 (3.6.2) の両辺は一般に複素数であり，式 (3.6.2) の実部と虚部のそれぞれから等式が得られる．これらの等式を用いると，Z_1, Z_2, Z_3, Z_4 に含まれる素子の値，あるいは電源の周波数などが求められる．

Z_1, Z_2, Z_3, Z_4 のすべてが抵抗である特別なブリッジを**ホィートストン・ブリッジ**といい，抵抗値の測定によく用いられる．このブリッジの平衡条件は，式 (3.6.2) の Z を R と書き直して，

$$R_1 R_4 = R_2 R_3 \tag{3.6.3}$$

となり，四つの抵抗のうちの一つの抵抗の値が残りの三つの抵抗の値（可変としてブリッジの平衡をとる）から計算できる．

例題 3.6.1 図 3.6.2 は**ウィーン・ブリッジ**である．このブリッジの平衡条件を求めよ．

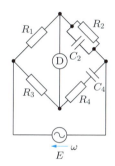

図 3.6.2 ウィーン・ブリッジ

解
$$Z_2 = \frac{R_2}{1+j\omega C_2 R_2}, \qquad Z_4 = R_4 + \frac{1}{j\omega C_4}$$

である．式 (3.6.2) から，平衡条件は

$$R_1 \left(R_4 + \frac{1}{j\omega C_4} \right) = \frac{R_2 R_3}{1 + j\omega C_2 R_2} \tag{3.6.4}$$

となる．この式から，

$$(1 + j\omega C_2 R_2)\left(R_4 + \frac{1}{j\omega C_4} \right) = \frac{R_2 R_3}{R_1} \tag{3.6.5}$$

が導かれるが，この式の実部と虚部からそれぞれ式 (3.6.6)，式 (3.6.7) を得る．

$$\frac{R_4}{R_2} + \frac{C_2}{C_4} = \frac{R_3}{R_1} \tag{3.6.6}$$

$$\omega C_2 R_2 = \frac{1}{\omega C_4 R_4} \tag{3.6.7}$$

例題 3.6.2 図 3.6.3 に示す**ヘイ・ブリッジ**の平衡条件から，電源の周波数を求める式を導け．

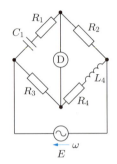

図 3.6.3　ヘイ・ブリッジ

解　ブリッジの平衡条件は

$$\left(R_1 + \frac{1}{j\omega C_1}\right)(R_4 + j\omega L_4) = R_2 R_3 \tag{3.6.8}$$

である．この式の虚部から

$$\omega L_4 R_1 - \frac{R_4}{\omega C_1} = 0 \tag{3.6.9}$$

を得るので，電源の周波数は次式で与えられることになる．

$$f = \frac{1}{2\pi}\sqrt{\frac{R_4}{L_4 C_1 R_1}} \tag{3.6.10}$$

例題 3.6.3　図 3.6.4 に示す回路において

$$Z_1 Z_2 = R^2 \tag{3.6.11}$$

が成立すれば，節点対 a-a′ から見た回路は抵抗と等価であることを示せ．

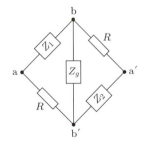

図 3.6.4　定抵抗回路

解 図 3.6.4 の回路をブリッジ回路とみれば，式 (3.6.11) はブリッジの平衡条件である．それゆえ，節点対 b-b' 間の電圧も電流も 0 で，Z_g はないとみなしてよく，節点対 a-a' から見た複素アドミタンスは，式 (3.6.11) を用いて

$$\frac{1}{R+Z_1} + \frac{1}{R+Z_2} = \frac{1}{R+Z_1} + \frac{1}{R+\dfrac{R^2}{Z_1}} = \frac{1}{R+Z_1} + \frac{Z_1}{R(R+Z_1)} = \frac{1}{R} \tag{3.6.12}$$

と求められる．つまり，節点対 a-a' から見た回路は抵抗と等価である．

例題 3.6.3 の回路のように，節点対から見て抵抗と等価である回路は，**定抵抗回路**といわれる．また，式 (3.6.11) を満たすような Z_1 と Z_2 をそれぞれもつ二つの回路は，互いに逆回路であるといわれる．たとえば，$Z_1 = 1/j\omega C$，$Z_2 = j\omega L$ で

$$\frac{L}{C} = R^2 \tag{3.6.13}$$

が成立するなら，図 3.6.4 の回路は定抵抗回路である．

1 端子対回路がインダクタ，あるいはキャパシタを含んでも，その端子対から見た電圧・電流特性が周波数と無関係となる，すなわち抵抗と同じようになるようにしたいことがあるが，定抵抗回路の手法を応用すれば，そのような回路を実現できる場合がある．たとえば，図 3.6.5 の回路の左側のようなインダクタを含む回路に，右側のキャパシタを含む回路を付け加えると，定抵抗回路となる．

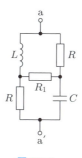

図 3.6.5

3.7　整合（マッチング）

電気的な力により駆動される機械部品を含むような電気機械複合システムについては，機械部分を等価的に複素インピーダンスとして電気回路に含めて解析あるいは設

計することが多い．たとえば，スピーカーは電気的な信号を音に変える部品であるが，スピーカーを含めた回路解析あるいは設計では，スピーカーを複素インピーダンスで表す．この場合，スピーカーが音を出すためのエネルギーは，スピーカーを表す複素インピーダンスに供給されるエネルギーということになる．電気回路では，このような複素インピーダンスを**負荷**とよんでいるが，負荷については，そこに供給される電力（毎秒ごとのエネルギー）が問題となることが多い．この電力は，機械的な運動に変わるものであるから，通常できるだけ大きいことが望ましい．この節では，負荷に供給される最大電力について考察する．

図 3.7.1 に示す回路では，電圧源と複素インピーダンス Z_0 の直列接続（これらは信号電源を表していて，Z_0 は電源の**内部インピーダンス**とよばれる．テブナンの等価回路と見てもよい）に負荷 Z_L が直列接続されている．この回路において，電圧源電圧 E と Z_0 は変えられないが，Z_L は変えられるとしたとき，負荷 Z_L に供給される電力が最大となる条件を求めてみよう．

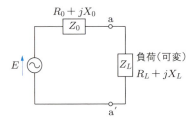

図 3.7.1　電源と負荷（電圧源形）

$Z_0 = R_0 + jX_0$（$R_0 \geq 0$，X_0 は実数），$Z_L = R_L + jX_L$（$R_L \geq 0$，X_L は実数）とすると，負荷に供給される電力は，負荷の電流を I として

$$P = R_L |I|^2 = R_L \left| \frac{E}{Z_0 + Z_L} \right|^2 = \frac{R_L |E|^2}{|R_0 + R_L + j(X_0 + X_L)|^2}$$
$$= \frac{R_L |E|^2}{(R_0 + R_L)^2 + (X_0 + X_L)^2} \tag{3.7.1}$$

である．式 (3.7.1) において R_L と X_L を変えて P を最大にするのであるが，まず，X_L は分母にのみ含まれ，$(X_0 + X_L)^2$ は $X_L = -X_0$ のときに最小値 0 をとるので，$X_L = -X_0$ とする．さらに，$R_L \geq 0$ の範囲で変えて $R_L/(R_0 + R_L)^2$ を最大にするには，$R_L = R_0$ とすればよい．すなわち，

負荷供給電力最大の条件（整合条件）

$$R_L = R_0, \qquad X_L = -X_0 \tag{3.7.2}$$

が得られる．このときの負荷供給最大電力は

$$P_{\max} = \frac{|E|^2}{4R_0} \tag{3.7.3}$$

となる．式 (3.7.2) が成立するとき，**電源側に負荷が整合**しているという．また，式 (3.7.3) で与えられる $P_{\max}$ は，電圧源電圧 E と内部インピーダンス Z_0 をもつ電源から取り出しえる最大の電力といってもよく，**電源の固有電力**とよばれる．

図 3.7.2 に示す回路は，図 3.7.1 に示す回路と双対な回路で，電流源と複素アドミタンス Y_0 の並列接続（信号源あるいはノートンの等価回路と見てよく，Y_0 は**内部アドミタンス**とよばれる）に，負荷 Y_L が並列接続されている．この回路において，電流源電流 J と Y_0 は変えられないが，Y_L は変えられるとしたとき，負荷 Y_L に供給される電力が最大となる条件は，電圧源と複素インピーダンスの直列接続の場合と双対的に求められる．$Y_0 = G_0 + jS_0$（$G_0 \geqq 0$, S_0 は実数），$Y_L = G_L + jS_L$（$G_L \geqq 0$, S_L は実数）とすると，負荷に供給される電力は

$$P = \frac{G_L |J|^2}{(G_0 + G_L)^2 + (S_0 + S_L)^2} \tag{3.7.4}$$

となり，負荷供給電力最大の条件は，次のようになる．

負荷供給電力最大の条件（整合条件）

$$G_L = G_0, \qquad S_L = -S_0 \tag{3.7.5}$$

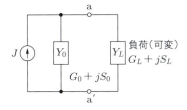

図 3.7.2 電源と負荷（電流源形）

例題 3.7.1 図 3.7.3 に示す回路において整合を得るためには，R_L, C_L をどのようにすればよいか．

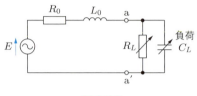

図 3.7.3

解 内部インピーダンスは $Z_0 = R_0 + j\omega L_0$ で，負荷インピーダンスは

$$Z_L = \frac{1}{\frac{1}{R_L} + j\omega C_L} = \frac{R_L(1 - j\omega C_L R_L)}{1 + \omega^2 C_L^2 R_L^2} \tag{3.7.6}$$

である．整合条件は，

$$\frac{R_L}{1 + \omega^2 C_L^2 R_L^2} = R_0 \tag{3.7.7}$$

$$\frac{\omega C_L R_L^2}{1 + \omega^2 C_L^2 R_L^2} = \omega L_0 \tag{3.7.8}$$

である．これらの式から R_L, C_L を求めればよい．まず，式 (3.7.8)÷式 (3.7.7) から $L_0/R_0 = C_L R_L$ を得る．これから $C_L = L_0/R_0 R_L$ であるから，これを式 (3.7.7) に代入して，

$$\frac{R_L}{1 + \frac{\omega^2 L_0^2}{R_0^2}} = R_0 \tag{3.7.9}$$

である．これから，

$$R_L = \frac{R_0^2 + \omega^2 L_0^2}{R_0} \tag{3.7.10}$$

$$C_L = \frac{L_0}{R_0^2 + \omega^2 L_0^2} \tag{3.7.11}$$

が得られる．

例題 3.7.2 図 3.7.4 のような回路に対する整合条件を求めよ．

解 例題 3.7.1 において $\omega L_0 = X_0$, $G_L = 1/R_L$, $\omega C_L = S_L$ とすれば，図 3.7.4 の回路となる．したがって，式 (3.7.10) と式 (3.7.11)×ω を書き直して，

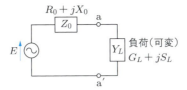

図 3.7.4　電源と負荷（混合形）

$$G_L = \frac{R_0}{R_0{}^2 + X_0{}^2} \tag{3.7.12}$$

$$S_L = \frac{X_0}{R_0{}^2 + X_0{}^2} \tag{3.7.13}$$

が図 3.7.4 の回路に対する整合条件である．

3.8　電力と重ね合わせの理

3.2 節では，回路の電圧や電流の計算において，どのように重ね合わせの理を用いるかを解説した．この節では，電力の計算において重ね合わせの理をどのように用いるかを示す．重ね合わせの理は，時間領域において，電圧や電流に対して成立する方程式（素子の電圧・電流特性，KVL 方程式，KCL 方程式）が線形方程式であることに基づいている．また，複素数領域における電圧や電流の計算は，電圧や電流の周波数が同じであることを前提にしている．電力の計算においても，このような条件を考えに入れておかなければならない．

電圧や電流が正弦波形をもつ場合は，平均電力が複素数領域における電圧と電流から形式的に求められることを 2.8 節に示した．まず，周波数が同じであるいくつかの電源を含む回路について，この方法をどのように適用するかを示す．

与えられた回路に重ね合わせの理を適用して n 個の回路 $N_1, N_2, \cdots, N_n$ を求め，それらの回路から複素数領域において，ある素子の電圧と電流として，それぞれ V_1, $V_2, \cdots, V_n, I_1, I_2, \cdots, I_n$ を得たとしよう．重ね合わせの理から，この素子の電圧と電流はそれぞれ

$$V = V_1 + V_2 + \cdots + V_n \tag{3.8.1}$$

$$I = I_1 + I_2 + \cdots + I_n \tag{3.8.2}$$

となる．これらの式から，この素子に供給される平均電力は形式的に

$$\mathrm{Re}\overline{V}I = \mathrm{Re}(\overline{V}_1 + \overline{V}_2 + \cdots + \overline{V}_n)(I_1 + I_2 + \cdots + I_n) \tag{3.8.3}$$

から求められる．

しかしながら，一般には

$$\mathrm{Re}(\overline{V}_1 + \overline{V}_2 + \cdots + \overline{V}_n)(I_1 + I_2 + \cdots + I_n)$$
$$\neq \mathrm{Re}\overline{V}_1 I_1 + \mathrm{Re}\overline{V}_2 I_2 + \cdots + \mathrm{Re}\overline{V}_n I_n \tag{3.8.4}$$

であるから，N_1，N_2，$\cdots$，N_n のそれぞれの回路において平均電力を求め，加え合わせても，もとの回路の平均電力は得られない．つまり，平均電力を求める前に電圧と電流を重ね合わせておかなければならない．

次に，周波数の異なる電源（直流は周波数 $= 0$ と見る）を含む回路を考えてみよう．この場合，与えられた回路を同じ周波数の電源だけを含む回路に分けると，それぞれの回路において，複素数領域における電圧や電流を求めることができる．（注：それぞれの回路が複数個の電源を含むときは，さらに回路を分けて重ね合わせの理を適用できる．この場合の平均電力は，式 (3.8.3) から求められる．）結論をいえば，このような同じ周波数の電源のみを含む回路のそれぞれで求めた電圧と電流から計算した平均電力を加え合わせれば，もとの回路における平均電力が得られるのである．以下にその理由を述べる．簡単のため与えられた回路を二つの回路に分ける場合を考えよう．それぞれの回路に含まれる電源の角周波数は ω_1 と ω_2 であり，回路に含まれる一つの素子の複素数領域における電圧は V_1，V_2，電流は I_1，I_2，また，これらに対する時間領域の電圧は v_1，v_2，電流は i_1，i_2 とする．

周波数の異なる電源を含む回路に対しては，時間領域で重ね合わせの理を適用でき，同じ周波数の電源のみを含む回路のそれぞれで求めた電圧と電流から，もとの回路における電圧と電流は，それぞれ

$$v = v_1 + v_2 = V_{1m}\sin(\omega_1 t + \psi_1) + V_{2m}\sin(\omega_2 t + \psi_2) \tag{3.8.5}$$
$$i = i_1 + i_2 = I_{1m}\sin(\omega_1 t + \theta_1) + I_{2m}\sin(\omega_2 t + \theta_2) \tag{3.8.6}$$

のように求められる．瞬時電力は

$$\begin{aligned}p = vi =& \{V_{1m}\sin(\omega_1 t + \psi_1) + V_{2m}\sin(\omega_2 t + \psi_2)\} \\ & \{I_{1m}\sin(\omega_1 t + \theta_1) + I_{2m}\sin(\omega_2 t + \theta_2)\} \\ =& V_{1m}I_{1m}\sin(\omega_1 t + \psi_1)\sin(\omega_1 t + \theta_1) \\ & + V_{2m}I_{2m}\sin(\omega_2 t + \psi_2)\sin(\omega_2 t + \theta_2) \\ & + V_{1m}I_{2m}\sin(\omega_1 t + \psi_1)\sin(\omega_2 t + \theta_2) \\ & + V_{2m}I_{1m}\sin(\omega_2 t + \psi_2)\sin(\omega_1 t + \theta_1)\end{aligned} \tag{3.8.7}$$

となるが，公式

$$\sin A \sin B = \frac{1}{2}\{\cos(A-B) - \cos(A+B)\} \tag{3.8.8}$$

を用いると，式 (3.8.7) は

$$\begin{aligned}p =& \frac{V_{1m}I_{1m}}{2}\cos(\psi_1 - \theta_1) + \frac{V_{2m}I_{2m}}{2}\cos(\psi_2 - \theta_2) \\ & -\frac{1}{2}\Big[V_{1m}I_{1m}\cos(2\omega_1 t + \psi_1 + \theta_1) + V_{2m}I_{2m}\cos(2\omega_2 t + \psi_2 + \theta_2) \\ & \quad - V_{1m}I_{2m}\cos\{(\omega_1-\omega_2)t + \psi_1 - \theta_2\} \\ & \quad + V_{1m}I_{2m}\cos\{(\omega_1+\omega_2)t + \psi_1 + \theta_2\} \\ & \quad - V_{2m}I_{1m}\cos\{(\omega_2-\omega_1)t + \psi_2 - \theta_1\} \\ & \quad + V_{2m}I_{1m}\cos\{(\omega_1+\omega_2)t + \psi_2 + \theta_1\}\Big]\end{aligned} \tag{3.8.9}$$

となる．式 (3.8.9) の第 3 項以下はすべて正弦波であり，1 周期にわたって平均すると 0 になるから，平均電力は

$$P = \frac{V_{1m}I_{1m}}{2}\cos(\psi_1 - \theta_1) + \frac{V_{2m}I_{2m}}{2}\cos(\psi_2 - \theta_2) \tag{3.8.10}$$

である．これは，次式のように書ける．

$$P = \mathrm{Re}\, V_1 \overline{I}_1 + \mathrm{Re}\, V_2 \overline{I}_2 = \mathrm{Re}\, \overline{V}_1 I_1 + \mathrm{Re}\, \overline{V}_2 I_2 \tag{3.8.11}$$

与えられた回路に含まれる電源の周波数が三つ以上のときも同様で，周波数の異なる電圧と電流の積からつくられる電力の平均は 0 となり，上に述べた結論が得られることになる．

例題 3.8.1 図 3.8.1 に示す回路において抵抗 R_2 の消費する電力を求めよ．ただし，$e_1 = \sqrt{2}\,E_1 \sin \omega t$ である．

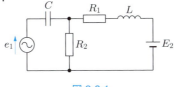

図 3.8.1

解 まず，電源 e_1 を残し電源 E_2 を短絡除去した回路は，図 3.8.2(a) のようになる．電圧 e_1 の複素数表示は E_1 で，抵抗 R_1, R_2 に流れる電流をそれぞれ I_1, I_2 とすると，

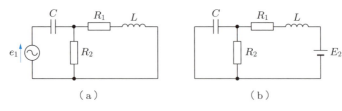

図 3.8.2

$$\frac{1}{j\omega C}(I_1 + I_2) + R_2 I_2 = E_1 \tag{3.8.12}$$

$$(R_1 + j\omega L)I_1 = R_2 I_2 \tag{3.8.13}$$

を得る．式 (3.8.13) から I_1 を求め，式 (3.8.12) に代入すると，

$$\left\{\frac{1}{j\omega C}\left(\frac{R_2}{R_1 + j\omega L} + 1\right) + R_2\right\}I_2 = E_1 \tag{3.8.14}$$

である．ゆえに，

$$I_2 = \frac{j\omega C(R_1 + j\omega L)}{R_1 + R_2(1 - \omega^2 LC) + j\omega(CR_1 R_2 + L)} E_1 \tag{3.8.15}$$

で，電源 e_1 から R_2 に供給される電力は，次のようになる．

$$P_1 = R_2|I_2|^2 = \frac{R_2 \omega^2 C^2 (R_1{}^2 + \omega^2 L^2)|E_1|^2}{\{R_1 + R_2(1 - \omega^2 LC)\}^2 + \omega^2(CR_1 R_2 + L)^2} \tag{3.8.16}$$

次に，電源 E_2 を残し電源 e_1 を短絡除去した回路は，図 3.8.2(b) のようになる．直流電源に対しては，定常状態においてキャパシタの電流とインダクタの電圧はいずれも 0 となるから，図 3.8.2(b) の回路からキャパシタを開放除去，インダクタを短絡除去して得られる回路を考えればよい．そのときの R_2 の電流を i_2 とすると，

$$i_2 = \frac{E_2}{R_1 + R_2} \tag{3.8.17}$$

であり，R_2 に供給される電力は次のようになる．

$$P_2 = \frac{R_2 E_2{}^2}{(R_1 + R_2)^2} \tag{3.8.18}$$

式 (3.8.16) と式 (3.8.18) を用いて，R_2 に供給される（R_2 が消費する）全電力は，

$$P = P_1 + P_2 \tag{3.8.19}$$

で与えられる．

3.9 章末例題

例題 3.9.1 図 3.9.1 に示す回路のインダクタ L に流れる電流 $i_L(t)$ を，重ね合わせの理を用いて求めよ．ただし，$v(t) = \sqrt{2}A\sin\omega t$ とする．

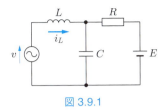

図 3.9.1

解 電圧源 E を短絡除去すると，図 3.9.2(a) の回路が得られる．この回路において，抵抗 R とキャパシタ C の並列接続回路の複素アドミタンスは $G + j\omega C$ である．ただし，$G = 1/R$ である．これにインダクタ L が直列接続されるので，電圧源から右を見た回路の複素インピーダンスを Z とすると，

$$Z = j\omega L + \frac{1}{G + j\omega C} = \frac{1 - \omega^2 LC + j\omega LG}{G + j\omega C} \tag{3.9.1}$$

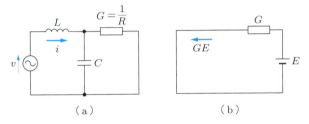

図 3.9.2

となる．電圧 v の複素数表示は A（実数）であるから，Z に流れる電流の複素数表示を I とすると，

$$I = \frac{A}{Z} = \frac{G + j\omega C}{1 - \omega^2 LC + j\omega LG}A \tag{3.9.2}$$

である．この電流はインダクタ L に流れる電流でもある．I の実効値と位相角は

$$\left.\begin{aligned}|I| &= \sqrt{\frac{G^2 + \omega^2 C^2}{(1-\omega^2 LC)^2 + \omega^2 L^2 G^2}}\,A \\ \angle I &= \angle(G + j\omega C) - \angle(1 - \omega^2 LC + j\omega LG) \\ &= \tan^{-1}\frac{\omega C}{G} - \tan^{-1}\frac{\omega LG}{1 - \omega^2 LC}\end{aligned}\right\} \tag{3.9.3}$$

であるから，I に対応する時間関数は，上の実効値と位相角を用いて

$$i(t) = \sqrt{2}|I|\sin(\omega t + \angle I) \tag{3.9.4}$$

となる．一方，直流電源による電流を求めるため，電圧源 v とインダクタ L を短絡除去し，キャパシタ C を開放除去すると，図 3.9.2(b) の回路が得られる．この回路で抵抗 R に流れる電流は，$E/R = GE$（左のほうへ）である．したがって，電流の方向に注意して，

$$i_L(t) = i(t) - GE \tag{3.9.5}$$

で与えられる．

例題 3.9.2 テブナン等価回路からノートン等価回路を求める変換公式，およびノートン等価回路からテブナン等価回路を求める変換公式を示せ．

解 テブナン等価回路の複素インピーダンス Z_T と，ノートン等価回路の複素アドミタンス Y_N の関係は

$$Y_N = \frac{1}{Z_T}, \qquad Z_T = \frac{1}{Y_N} \tag{3.9.6}$$

である．図 3.3.1 のテブナン等価回路の端子対 a-a′ を短絡して端子間に流れる電流が，ノートン等価回路の電流源電流であり，

$$J_N = \frac{E_T}{Z_T} \tag{3.9.7}$$

となる．また，図 3.3.2 のノートン等価回路の端子対 a-a′ を開放して端子間に現れる電圧が，テブナン等価回路の電圧源電圧であり，次式が得られる．

$$E_T = \frac{J_N}{Y_N} \tag{3.9.8}$$

例題 3.9.3 図 3.9.3 の回路に対するノートン等価回路を求めよ．その結果を用いてテブナン等価回路を求めよ．

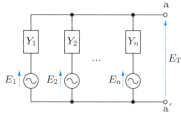

図 3.9.3

解 端子対 a-a′ を短絡すると，$Y_k (k = 1, 2, \cdots, n)$ の電圧は E_k となり，Y_k に流れる

電流 $Y_k E_k$ は短絡端子対を通って流れることになる．KCL から，短絡端子対に流れる電流は

$$J_N = Y_1 E_1 + Y_2 E_2 + \cdots + Y_n E_n \tag{3.9.9}$$

となる．これがノートン等価回路の電流源電流である．ノートン等価回路の複素アドミタンスは，電圧源を短絡除去すると，$Y_k (k=1,2,\cdots,n)$ が並列接続されることになるから，

$$Y_N = Y_1 + Y_2 + \cdots + Y_n \tag{3.9.10}$$

である．次に，テブナン等価回路の電圧源電圧は，式 (3.9.8) から

$$E_T = \frac{J_N}{Y_N} = \frac{Y_1 E_1 + Y_2 E_2 + \cdots + Y_n E_n}{Y_1 + Y_2 + \cdots + Y_n} \tag{3.9.11}$$

となる．テブナン等価回路の複素インピーダンス Z_T は，式 (3.9.6) を用いて求められる．（注：式 (3.9.11) は**帆足 – ミルマンの定理**を示している．）

例題 3.9.4 周波数 10^4 Hz の電源を含む RLC1 端子対回路がある．この回路の端子対を開放したときの電圧は，12 V（実効値）であり，端子対に 100 Ω の抵抗を接続したときも，0.1 μF のキャパシタを接続したときも 0.1 A の電流が流れた．この 1 端子対回路のテブナン等価回路を求めよ．

解 テブナン等価回路の複素インピーダンスを $Z_T = R + jX$ とする．端子対開放時の電圧を基準とすれば，テブナン等価回路の電圧源電圧

$$E_T = 12 \tag{3.9.12}$$

である．抵抗とキャパシタに流れる電流は，それぞれ

$$\left. \begin{array}{c} \dfrac{12}{R+100+jX} \\ \dfrac{12}{R+j\left(X - \dfrac{1}{2\pi \times 10^4 \times 10^{-7}}\right)} = \dfrac{12}{R+j(X-159.2)} \end{array} \right\} \tag{3.9.13}$$

となり，これらの電流の実効値は

$$\frac{12}{\sqrt{(R+100)^2 + X^2}} = 0.1 \tag{3.9.14}$$

$$\frac{12}{\sqrt{R^2 + (X-159.2)^2}} = 0.1 \tag{3.9.15}$$

となる．これらの式から R と X を求める．まず，式 (3.9.14), (3.9.15) は

$$R^2 + 200R + X^2 + 100^2 = 120^2 \tag{3.9.16}$$

$$R^2 + X^2 - 318.4X + 159.2^2 = 120^2 \tag{3.9.17}$$

となり，式 (3.9.16) − 式 (3.9.17) から

$$R = -1.59X + 76.7 \tag{3.9.18}$$

が得られる．これを用いて，$X = 39.9, 119.4, R = 13.2, -113.1$ が求められるが，$R > 0$ でなければならないから，

$$Z_T = 13.2 + j39.9 \tag{3.9.19}$$

である．

例題 3.9.5 図 3.9.4 の回路において，負荷 R_L に供給される電力を最大としたい．L と C をどのように選べばよいか．ただし，$R_0 > R_L$ である．

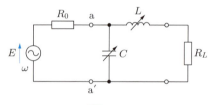

図 3.9.4

解 端子対 a-a' から右を負荷と見て，整合条件を適用する．端子対 a-a' の左側を電源部と見ているので，$X_0 = 0$ である．負荷のアドミタンスは

$$\begin{aligned}Y_L &= j\omega C + \frac{1}{R_L + j\omega L} = j\omega C + \frac{R_L - j\omega L}{R_L{}^2 + \omega^2 L^2} \\ &= \frac{R_L}{R_L{}^2 + \omega^2 L^2} + j\left(\omega C - \frac{\omega L}{R_L{}^2 + \omega^2 L^2}\right)\end{aligned} \tag{3.9.20}$$

であるから，整合条件は，式 (3.7.12), (3.7.13) から

$$\frac{R_L}{R_L{}^2 + \omega^2 L^2} = \frac{1}{R_0} \tag{3.9.21}$$

$$\omega C - \frac{\omega L}{R_L{}^2 + \omega^2 L^2} = 0 \tag{3.9.22}$$

となる．式 (3.9.21) から L を求めると，

$$L = \frac{1}{\omega}\sqrt{R_L(R_0 - R_L)} \tag{3.9.23}$$

が得られ，これを式 (3.9.22) に代入して C を得る．

$$C = \frac{1}{\omega R_0} \sqrt{\frac{R_0 - R_L}{R_L}} \tag{3.9.24}$$

演習問題

3.1 問図 3.1 の回路の定常状態における抵抗 R の電圧を求めよ．ただし，$i = \sqrt{2} \sin 10^5 t$ である．

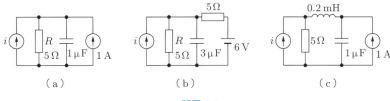

問図 3.1

3.2 問図 3.2 に示す回路のテブナン等価回路とノートン等価回路を求めよ．

3.3 周波数 10^4 Hz の電源を含む RLC 2 端子回路の端子間を開放したとき，$200\,\Omega$ の抵抗を接続したとき，$0.1\,\mu\mathrm{F}$ のキャパシタを接続したとき，端子間電圧はそれぞれ 12 V，6 V，6 V（いずれも実効値）になった．この 2 端子回路のテブナン等価回路を求めよ．

3.4 問図 3.3 の Y 型回路を Δ 型回路に変換せよ．

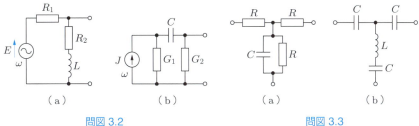

問図 3.2　　　　　　　　　　　問図 3.3

3.5 問図 3.4 の Δ 型回路を Y 型回路に変換せよ．

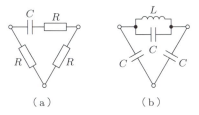

問図 3.4

3.6 問図 3.5 に示す**マクスウェル・ブリッジ**において，R_4 と L_4 のみが未知として，それらを求める式をブリッジの平衡条件から導け．

3.7 問図 3.6 に示す**シェーリング・ブリッジ**において，R_1 と C_1 のみが未知として，それらを求める式をブリッジの平衡条件から導け．

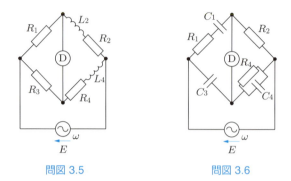

問図 3.5　　　　　問図 3.6

3.8 問図 3.7 の回路が定抵抗回路となるための条件を求めよ．

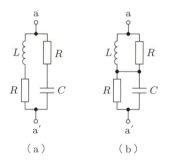

問図 3.7

3.9 問図 3.8 の回路において，負荷が可変であるとして整合条件を求めよ．

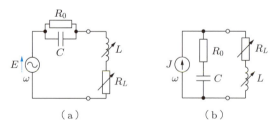

問図 3.8

3.10 問図 3.9 の回路において，負荷 R_L に最大電力を供給するためには，L と C をどのように選べばよいか．ただし，$R_0 < R_L$ とする．

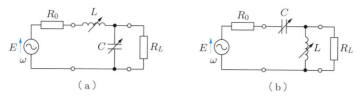

問図 3.9

3.11 問図 3.10 の回路の端子対 a-a' に電圧

$$e = 10\sqrt{2}\cos\omega t + 5\sqrt{2}\sin 3\omega t + 6$$

が加えられたとき，回路において消費される電力を求めよ．ただし，$\omega C = 1\,\mathrm{S}$ とする．

3.12 問図 3.11 の回路において，抵抗 R の消費電力を求めよ．

3.13 問図 3.12 の回路の 2 組の端子対について，相反定理が成立することを確かめよ．

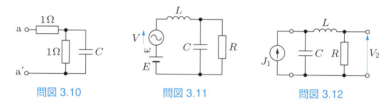

問図 3.10　　問図 3.11　　問図 3.12

4章 回路の定常解析

3章の始めでも述べたように，回路解析の基本は，素子の電圧・電流特性を表す式，KVL方程式，KCL方程式を連立させて解くということであるが，一部の未知変数が消去された形に方程式を求め，それを解くという標準的な解析法が確立されている．この際，残された未知変数に対して，導かれた方程式がどういう意味をもっているのかを十分理解しておく必要がある．この章でも3章に引き続き，正弦波定常状態にある回路を考え，複素数領域における解析法として解説するが，その基本的な考え方は複素数領域だけでなく，時間領域の解析にも適用できる．

4.1 節点解析

1.3節に述べたように，素子と素子の接続点が**節点**である†．回路の基準点（通常，回路における接地点）から節点への電圧を**節点電圧**という．**節点解析**は，回路から節点電圧に関する連立方程式，すなわち**節点方程式**を導き，それを解いて節点電圧を求めようという解析法である．ただし，回路を励振している電源は，電流源のみであるとする．電圧源がある場合は，いろいろな工夫を加える必要がある．

▶ **節点方程式の導出法**：節点方程式の導き方の基本は次のようになる．

導出法
Step 1 節点方程式としては，節点についてのKCL方程式，すなわち「各節点において，節点流出電流の総和＝節点流入電流の総和」という方程式（式 (1.3.3) 参照）を用いる．

---

† 回路図中に描かれた素子の接続点と節点は，必ずしも一致しない．たとえば，1本の線にいくつもの素子が接続されるように描かれることがある．このときは，この線とこの線上にある接続点が1個の節点を構成する．節点は等電位点，あるいは等電位線を表すと考えたほうがよいであろう．

> Step 2　素子の電圧・電流特性を用いて，節点方程式に含まれる素子電流を消去する．この結果，方程式に含まれる未知変数は，素子電圧になる．
> Step 3　KVL 方程式を用いて，素子電圧から節点電圧へという変数変換を行う．この結果，節点方程式に含まれる未知変数は，節点電圧になる．

　こうして導かれた節点方程式を解くと，節点電圧が求められることになるが，素子電圧あるいは電流がほしい場合は，上記 Step 3 に用いた式により，節点電圧から素子電圧を，さらに素子電圧と素子の電圧・電流特性とから素子電流を求めることができる．

　上記の Step 1～Step 3 の手順は，そのままたどる必要はない．むしろ，そのままたどるとわかりにくくなってしまう．のちほど示す例からもわかるように，節点方程式は規則的な形をしていて，どの節点にどのような素子が接続されているかという回路網トポロジーから節点方程式を容易に導くことができるのである．つまり，上記の Step 1～Step 3 の結果得られることになる規則的な形の方程式を，回路から直接求めるのがよい．

▶ **節点流出電流と節点流入電流**：上記の Step 1～Step 3 の手順を理解するためには，手順における電圧・電流の方向を次のように考えるのがよいであろう．これまでの解析では，素子の電圧や電流の方向は，最初に決めれば後はそれを変更することはなかった．ところが，Step 1 の「各節点において，節点流出電流の総和＝節点流入電流の総和」という方程式を導く際には，注目している節点ごとに素子電流の方向を一部変更していると考える．すなわち，素子電流（未知変数）はすべて方程式の左辺に含まれ，それらの方向は節点から流出する方向を正とする．また，電流源電流（既知）は方程式の右辺に含まれ，それらの方向は節点に流入する方向を正とする．そうすると，節点間にある素子の電流の方向は，節点ごとに異なってくることになる．図 4.1.1 は節点 n に注目して，回路の一部を取り出したものである．素子電流は I_a，I_b，I_c で，いずれも節点 n から流出する電流となるような方向をもっている．また，電流源電流 J は，節点流入電流である．この場合

$$I_a + I_b + I_c = J \tag{4.1.1}$$

が求める KCL 方程式である．

▶ **節点電圧と素子電圧の関係**：上述の電流の方向に伴って，注目している節点ごとに「注目している節点の節点電圧から，隣り合っている節点の節点電圧を引いたものが素子電圧」となる．図 4.1.2 では，V_m，V_n，V_p が節点電圧であり，素子電圧は次式のように表される．

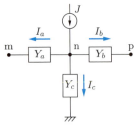
図 4.1.1　節点流出・流入電流

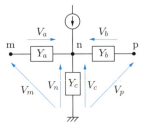
図 4.1.2　節点電圧と素子電圧

$$V_a = V_n - V_m, \qquad V_b = V_n - V_p, \qquad V_c = V_n \tag{4.1.2}$$

▶ **節点方程式**：式 (4.1.1) に素子の電圧・電流特性

$$I_a = Y_a V_a, \qquad I_b = Y_b V_b, \qquad I_c = Y_c V_c \tag{4.1.3}$$

を代入し，さらに式 (4.1.2) を代入すると

$$Y_a(V_n - V_m) + Y_b(V_n - V_p) + Y_c V_n = J \tag{4.1.4}$$

が得られるが，これを整理すると，

$$-Y_a V_m + (Y_a + Y_b + Y_c)V_n - Y_b V_p = J \tag{4.1.5}$$

となる．この式の構成を見てみよう．まず，この式の左辺の第 2 項は注目している節点 n の電圧 V_n に対応し，V_n の係数は，節点 n に接続されている素子の複素アドミタンスの総和†である．左辺の第 1 項は節点 n に隣接する節点 m に対応し，V_m の係数は，節点 n と節点 m との間にある素子の複素アドミタンスの総和 Y_a である．同様に，左辺の第 3 項は節点 n に隣接する節点 p に対応し，V_p の係数は，節点 n と節点 p との間にある素子の複素アドミタンスの総和 Y_b である．第 1 項と第 3 項の符号は負であることに注意しよう．

▶ **節点方程式構成法**：上に得た結果を一般化すると，次のようになる．

構成法

(1) 節点方程式の左辺

　(a) 注目する節点の節点電圧の係数

　　　　＋（注目節点に接続されている素子の複素アドミタンスの総和）

---

† 二つの節点と節点との間にある素子が並列接続されていると見る．並列接続された素子の合成複素アドミタンスは，それぞれの素子の複素アドミタンスの和となる．

(b) 注目する節点に隣接する節点の節点電圧の係数

　　 −（注目節点と隣接する節点の間にある素子の複素アドミタンスの総和）

　　注目する節点に隣接しない節点の節点電圧は現れない
(2) 節点方程式の右辺

　　　注目節点に接続されている電流源の電流の総和，ただし，節点流入電流を正とする

このような節点方程式構成法により，基準点を除く回路中のすべての節点について節点方程式を求め，それらの方程式を連立させて，回路に対する節点方程式とする．節点方程式は KCL 方程式（電流保存式）を出発点にしているので，式中の各項は，電流の次元をもっていることに注意しよう．

例題 4.1.1 図 4.1.3 の回路に対する節点方程式を求めよ．

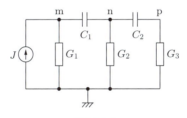

図 4.1.3

解 節点 m, n, p の節点電圧をそれぞれ V_m, V_n, V_p とする．まず，節点 m に注目すると，節点 m に接続された素子は G_1 と C_1 であり，隣接節点 n との間に接続された素子は C_1 である．また，電流源電流 J は節点 m に流入している．これらのことに注意し，節点 m については，節点方程式構成法から

$$(G_1 + j\omega C_1)V_m - j\omega C_1 V_n = J \tag{4.1.6}$$

を得る．次に，節点 n に注目すると，節点 n に接続された素子は C_1, G_2, C_2 であり，隣接節点 m との間に接続された素子は C_1，隣接節点 p との間に接続された素子は C_2 である．また，節点 n に流入している電流源電流はない．これらのことに注意し，節点 n については，節点方程式構成法から

$$-j\omega C_1 V_m + (G_2 + j\omega C_1 + j\omega C_2)V_n - j\omega C_2 V_p = 0 \tag{4.1.7}$$

を得る．同様にして，節点 p に注目すると，

$$-j\omega C_2 V_n + (G_3 + j\omega C_2)V_p = 0 \tag{4.1.8}$$

を得る．式 (4.1.6)～(4.1.8) を連立させたものが，図 4.1.3 の回路に対する節点方程式である．（注：節点電圧は 3 個，方程式も 3 個ですむ．もし，素子電圧と素子電流を未知変数にすれば，未知変数の数は 10 個となり，計 10 個の方程式が出てくる．）

節点方程式導出の簡明さと，未知変数の数が少なくてすむということから，節点解析は，回路に対するもっとも標準的な解析法となっている．コンピュータによる回路解析も，節点方程式を解くというやり方がもっとも普通である．

▶ **節点方程式の行列表示**：節点方程式を行列表示した場合，変数を注目節点の節点電圧の順に，かつ方程式も注目節点の順に並べると，左辺の係数行列は節点方程式構成法 (1) (a)～(c) から次のようになる．

行列表示
  (a) 対角要素

  ＋（注目節点に接続されている素子の複素アドミタンスの総和）

  (b) 非対角要素
  注目節点とそれに隣接する節点に対応する場合

  −（注目節点と隣接する節点の間にある素子の複素アドミタンスの総和）

  注目節点とそれに隣接しない節点に対応する場合

  0

上記 (a)～(c) から，係数行列は，その対角線に関して対称的な形をもつことになる．

例題 4.1.2 図 4.1.3 の回路に対する節点方程式の左辺の係数行列を示せ．

解 節点に接続される素子を見て，係数行列は次のようになる．

$$\begin{bmatrix} G_1 + j\omega C_1 & -j\omega C_1 & 0 \\ -j\omega C_1 & G_2 + j\omega C_1 + j\omega C_2 & -j\omega C_2 \\ 0 & -j\omega C_2 & G_3 + j\omega C_2 \end{bmatrix} \tag{4.1.9}$$

▶ **電圧源を含む場合**：これまでは，回路が電流源で励振されるとしてきた．回路が電圧源を含む場合はどのようにすればよいであろうか．よく用いられる方法としては次の二つがある．

(1) 電圧源を含む適当な部分をノートン等価回路で置き換える．

(2) (a) 電圧源電流を未知変数として加え，これを電流源電流とみなして，これまでと同じように節点方程式を立てる．(b) 電圧源の両端の節点電圧と電圧源電圧との間の関係式を加える．（**注**：上記の「節点電圧と素子電圧の関係」を参照．電圧源電圧は素子電圧である．）

(2) の方法によって得られた連立方程式は，**修飾節点方程式**とよばれる．未知変数と方程式の数は増すが，修飾節点方程式は，その導き方の簡明さから，コンピュータによる回路解析によく用いられる．

例題 4.1.3 図 4.1.4 の回路に対して，上記の (1) および (2) の方法で節点方程式を導け．

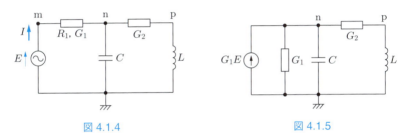

図 4.1.4   図 4.1.5

解 (1) 電圧源と R_1 からなる部分をノートン等価回路に置き換えると，図 4.1.5 が得られる．これから，節点 n と節点 p のそれぞれに対して

$$(G_1 + G_2 + j\omega C)V_n - G_2 V_p = G_1 E \tag{4.1.10}$$

$$-G_2 V_n + \left(G_2 + \frac{1}{j\omega L}\right) V_p = 0 \tag{4.1.11}$$

を得る．

(2) 修飾節点方程式は，電圧源電流を I として

$$G_1 V_m - G_1 V_n = I \tag{4.1.12}$$

$$-G_1 V_m + (G_1 + G_2 + j\omega C)V_n - G_2 V_p = 0 \tag{4.1.13}$$

$$-G_2 V_n + \left(G_2 + \frac{1}{j\omega L}\right) V_p = 0 \tag{4.1.14}$$

$$V_m = E \tag{4.1.15}$$

となる．式 (4.1.13), (4.1.15) から式 (4.1.10) が得られることは容易にわかる．

4.2　網目解析

回路図を平面上（紙上）に描くことを考える．素子の接続点以外には，交差する線がないように描くことができたとすると，回路は網のような構成になる．このように描かれた回路において，**網目**は一つの領域を囲むいくつかの素子から構成される．網目は 1 章で定義した閉路の 1 種である（閉路は必ずしも網目になるとは限らない）．網目を環流する電流を**網目電流**という．網目電流はややわかりにくい電流であるから，これについてはのちほどさらに説明するとして，網目解析の概略を先に述べる．**網目解析**は，回路から網目電流に関する連立方程式，すなわち**網目方程式**を導き，それを解いて網目電流を求めようという解析法である．ただし，回路を励振している電源は，電圧源のみであるとする．電流源がある場合はいろいろな工夫を加える．

▶ **網目方程式の導出法**：網目方程式の導き方の基本は次のようになる．

導出法

Step 1　網目方程式としては，網目についての KVL 方程式，すなわち「各網目において，左回り方向電圧の総和 = 右回り電圧の総和」という方程式（式 (1.3.1) 参照）を用いる．

Step 2　素子の電圧・電流特性を用いて，網目方程式に含まれる素子電圧を消去する．この結果，方程式に含まれる未知変数は素子電流になる．

Step 3　KCL 方程式を用いて，素子電流から網目電流へという変数変換を行う．この結果，網目方程式に含まれる未知変数は網目電流になる．

こうして導かれた網目方程式を解くと網目電流が求められることになるが，素子電流あるいは電圧がほしい場合は，上記 Step 3 に用いた式により，網目電流から素子電流を，さらに素子電流と素子の電圧・電流特性とから素子電圧を求めることができる．

節点解析の場合と同様，上記の Step 1〜Step 3 の手順は，そのままたどる必要はない．網目方程式は規則的な形をしていて，どの網目にどのような素子が含まれているかという回路網トポロジーから，網目方程式を容易に導くことができる．

▶ **網目電流**：図 4.2.1 は三つの網目をもつ回路を描いたもので，電圧源 E，Z_a，Z_b が一つの網目（網目 m とする）を，Z_b，Z_c，Z_d がもう一つの網目（網目 n とする）を，Z_a，Z_c，Z_e がさらにもう一つの網目（網目 p とする）を構成している．Z_a は m と p の二つの網目に共通に，Z_b は m と n の二つの網目に共通に，Z_c は n と p の二つの網目に共通に含まれる．Z_d，Z_e はそれぞれ一つの網目 n，網目 p のみに含まれる．

網目電流は，このような網目に巡回して流れていると考える半仮想的な電流である．

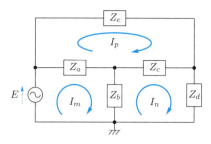

図 4.2.1 網目電流

まず, Z_d, Z_e のように, 一つの網目にだけ含まれる素子 (あるいは 1 端子対回路) の電流は網目電流と等しくなる. 次に, Z_b のように, 二つの網目に共通に含まれる素子には, 二つの網目電流の差, あるいは和となる電流が流れていると考える. 図 4.2.1 に示されるように, 網目電流を I_m, I_n, I_p とすると, Z_d の電流 I_d は網目電流 I_n に等しく, Z_b の電流 I_b は網目電流 I_m と網目電流 I_n の差 (網目電流 I_m と網目電流 I_n は, Z_b を反対の方向に流れているので) に等しくなる. このように, 網目電流は, 一つの網目にのみ含まれる素子については, そこに実際に流れる電流として測定できるが, 二つの網目に共通に含まれる素子については, そこに流れる電流として測定できない仮想的な (計算から求められるのみ) 電流である.

網目電流の網目を流れる方向は統一的に右回りとする. この方向は, 統一的に左回りにとってもかまわないが, 網目ごとにばらばらにとることは, 網目方程式に規則性が現れなくなるので, 避けなければならない. 素子電流の方向は, 注目している網目の網目電流の方向に沿った方向とする. したがって, 注目する網目が変われば, 素子電流の方向も変わる. これは, 節点解析の場合と同様である. 素子電圧の方向は, 素子電流の方向の逆になる.

▶ **網目方程式**: まず, 図 4.2.1 の網目 m に注目する. Z_a の電圧と電流を V_a と I_a, Z_b の電圧と電流を V_b と I_b として, KVL 方程式は

$$V_a + V_b = E \tag{4.2.1}$$

である. 素子の電圧・電流特性は

$$V_a = Z_a I_a, \qquad V_b = Z_b I_b \tag{4.2.2}$$

である. 網目電流と素子電流の関係は

$$I_a = I_m - I_p, \qquad I_b = I_m - I_n \tag{4.2.3}$$

であるから，注目している網目 m に対する網目方程式は，式 (4.2.1), (4.2.2), (4.2.3) から順次変数を消去して

$$Z_a(I_m - I_p) + Z_b(I_m - I_n) = E \tag{4.2.4}$$

となる．これを整理すると次式が得られる．

$$-Z_a I_p + (Z_a + Z_b) I_m - Z_b I_n = E \tag{4.2.5}$$

式 (4.2.5) を見ると，左辺の第 2 項は注目している網目 m の電流 I_m に対する項であり，m に含まれる素子の複素インピーダンスの和を I_m の係数としている[†]．左辺の第 1 項と第 3 項は，それぞれ注目している網目に隣接する網目の電流 I_p と I_n に対する項で，それぞれ二つの網目の境界にある素子の複素インピーダンスの和を I_p あるいは I_n の係数としている．これらの項の符号は負であることに注意しよう．

▶ **網目方程式構成法**：上の結果を一般化すると，次のようになる．

構成法
(1) 網目方程式の左辺
　(a) 注目する網目の網目電流の係数

　　＋（注目する網目に含まれている素子の複素インピーダンスの総和）

　(b) 注目する網目に隣接する網目の網目電流の係数

　　－（注目する網目と隣接する網目の境界にある素子の複素インピーダンスの総和）

　注目する網目に隣接しない網目の網目電流は現れない
(2) 網目方程式の右辺

　　注目する網目に含まれている電圧源の電圧の総和，ただし，網目の右回り電圧を正とする

[†] Z_a などを 1 端子対回路とし，これが直列接続された素子からなると見る．直列接続された素子の合成複素インピーダンスは，それぞれの素子の複素インピーダンスの和となる．

網目方程式構成法により，回路中の網目（例題 1.7.2 参照）について網目方程式を求め，それらの方程式を連立させて回路に対する網目方程式とする．網目方程式は KVL 方程式（電圧平衡式）を出発点にしているので，式中の各項は電圧の次元をもっていることに注意しよう．

例題 4.2.1 図 4.2.2 の回路に対する網目方程式を求めよ．

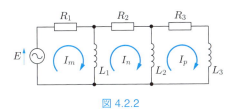

図 4.2.2

解 回路の網目を左から m, n, p とする．網目 m, n, p の網目電流をそれぞれ I_m, I_n, I_p とする．まず，網目 m に注目すると，網目 m に含まれる素子は R_1 と L_1 であり，隣接網目 n との境界にある素子は L_1 である．また，電圧源電圧 E は網目 m と同じ右回り方向にある．これらのことに注意し，網目 m については，網目方程式構成法から

$$(R_1 + j\omega L_1)I_m - j\omega L_1 I_n = E \tag{4.2.6}$$

を得る．次に，網目 n に注目すると，網目 n に含まれる素子は L_1, R_2, L_2 であり，隣接網目 m との境界にある素子は L_1，隣接網目 p との境界にある素子は L_2 である．また，網目 n に含まれる電圧源電圧はない．これらのことに注意し，網目 n については，網目方程式構成法から

$$-j\omega L_1 I_m + (R_2 + j\omega L_1 + j\omega L_2)I_n - j\omega L_2 I_p = 0 \tag{4.2.7}$$

を得る．同様にして，網目 p に注目すると，

$$-j\omega L_2 I_n + (R_3 + j\omega L_2 + j\omega L_3)I_p = 0 \tag{4.2.8}$$

を得る．式 (4.2.6)〜(4.2.8) を連立させたものが，図 4.2.2 の回路に対する網目方程式である．（**注**：網目電流は 3 個，方程式も 3 個ですむ．）

▶ **網目方程式の行列表示**： 網目方程式を行列表示した場合，変数を注目する網目の網目電流の順に，かつ方程式も注目する網目の順に並べると，左辺の係数行列は網目方程式構成法 (1) (a)〜(c) から次のようになる．

行列表示

(a) 対角要素

　　＋（注目する網目に含まれている素子の複素インピーダンスの総和）

(b) 非対角要素

　注目する網目とそれに隣接する網目に対応する場合

　　－（注目する網目と隣接する網目の境界にある素子の複素インピーダンスの総和）

　注目する網目とそれに隣接しない網目に対応する場合

　　0

上記 (a)～(c) から係数行列は，その対角線に関して対称的な形をもつことになる．

例題 4.2.2　図 4.2.2 の回路に対する網目方程式の左辺の係数行列を示せ．
解　上記 (a)～(c) から，係数行列は次のようになる．

$$\begin{bmatrix} R_1 + j\omega L_1 & -j\omega L_1 & 0 \\ -j\omega L_1 & R_2 + j\omega L_1 + j\omega L_2 & -j\omega L_2 \\ 0 & -j\omega L_2 & R_3 + j\omega L_2 + j\omega L_3 \end{bmatrix} \quad (4.2.9)$$

▶ **電流源を含む場合**：回路が電流源を含む場合は，節点解析と双対の操作を行えばよい．
(1) 電流源を含む適当な部分をテブナン等価回路で置き換える．
(2) (a) 電流源電圧を未知変数として加え，これを電圧源電圧とみなして，これまでと同じように網目方程式を立てる．(b) 電流源の両側の網目の網目電流と電流源電流との間の関係式を加える．（**注**：上記の「網目電流」における網目電流と素子電流の関係を参照．電流源電流は素子電流である．）

4.3 その他の解析法

よく知られた解析法としては，次のようなもの（詳細は小澤著「電気回路 I」（昭晃堂・朝倉書店）を参照）がある．

▶ **カットセット解析**：**カットセット**とは，それに属する素子を開放除去すると，回路がちょうど二つに分離されるような素子の集合である[†]．カットセットに対してはキルヒホフの電流保存則が成立するので，カットセットに対する KCL 方程式から出発して，節点方程式を導出したのと同様の手順で変数消去を行い，**カットセット方程式**とよばれる連立方程式を導く．この連立方程式を解いて電圧・電流を求めるのが**カットセット解析**である．

▶ **閉路解析**：閉路に対する KVL 方程式から出発して，網目方程式と同様の手順で変数消去を行い，閉路方程式とよばれる連立方程式を導く．網目と異なり，閉路は回路が平面上に交差なしに描かれなくてよいので，閉路解析はどのような回路にも適用できる．

▶ **方程式の数と変数の数**：節点方程式やカットセット方程式は，KCL 方程式を出発点とし，素子の電圧・電流特性と KVL 方程式を用いて変数の消去を行い，KCL 方程式の数と同じ数の方程式を，電圧未知変数に対して得ている．また，網目方程式や閉路方程式は，KVL 方程式を出発点とし，素子の電圧・電流特性と KCL 方程式を用いて変数の消去を行い，KVL 方程式の数と同じ数の方程式を，電流未知変数に対して得ている．つまり「KCL 方程式の数＝基準点以外の節点数」，また，「KVL 方程式の数＝外側の網目を除く網目の数」である．未知変数の数は方程式の数に等しい．

▶ **混合解析**：方程式の未知変数として電圧と電流の両方を残すような解析法は，**混合解析**とよばれる．混合解析では，回路を二つに分割し，それぞれの部分で節点方程式あるいはカットセット方程式，網目方程式あるいは閉路方程式を求め，得られた方程式を連立させて解くことになる．この連立方程式に含まれる方程式の総数（＝ 未知変数の総数）は，節点方程式あるいは網目方程式の数より少なくできる場合がある．この節では，混合解析をどのように行うか簡単に説明しよう．まず，例題を示す．

例題 4.3.1 図 4.3.1 に示す回路の左半分（E, R_1, R_2, L からなる部分）に網目解析，右半分（J, C_1, C_2, G_3 からなる部分）に節点解析を適用せよ．

解 図 4.3.2 に示すように，回路を分割し，それぞれに電圧源と電流源を付け加える．左側の部分回路に付け加える電圧源は，右側の回路の節点電圧 V_n に対応し，右側の部分回路に付け加える電流源は，左側の回路の網目電流 I_m に対応している．左側の部分回路

[†] 節点に接続された素子のすべてもカットセットを構成する．

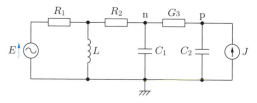

図 4.3.1

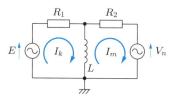 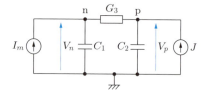

図 4.3.2

に対する網目方程式は

$$(R_1 + j\omega L)I_k - j\omega L I_m = E \tag{4.3.1}$$
$$-j\omega L I_k + (R_2 + j\omega L)I_m = -V_n \tag{4.3.2}$$

であり，右側の部分回路に対する節点方程式は次のようになる．

$$(G_3 + j\omega C_1)V_n - G_3 V_p = I_m \tag{4.3.3}$$
$$-G_3 V_n + (G_3 + j\omega C_2)V_p = J \tag{4.3.4}$$

例題 4.3.1 の回路分割を一般化すると，図 4.3.3 と図 4.3.4 に示したようになる．節点解析と網目解析を用いた混合解析は，次のような手順で行えばよい．

> **混合解析**
> **Step 1** 回路を分割し，節点解析を行う部分回路（図 4.3.4 (b) の N）には，網目解析を行う部分回路の網目電流に対応する電流源を付け加える．ただし，部分回路の接続部に現れる網目における網目電流だけを考えればよい．網目解析を行う部分回路（図 4.3.4 (a) の M_1 と (c) の M_2）には，節点解析を行う部分回路の節点電圧に対応する電圧源を付け加える．ただし，部分回路の接続部に現れる節点の節点電圧だけを考えればよい．
> **Step 2** 得られた部分回路のそれぞれに対して節点方程式，網目方程式を導く．
> **Step 3** 得られた節点方程式と網目方程式を連立させて解く．

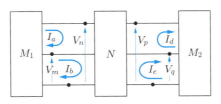

図 4.3.3　混合解析（分割前）

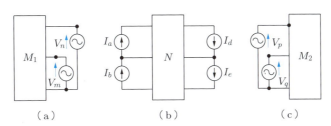

図 4.3.4　混合解析（分割後）

　網目解析を行う部分は，連結した回路でなくてもよい．図 4.3.4 には M_1 と M_2 の二つに分けた場合を示した．

　未知変数の数を少なくするには，一般的に「素子の込み合った」ところに節点解析を，「素子がまばらな」ところに網目解析を適用すればよい．

　回路を分割する利点の一つは，方程式を解く手間を少なくできることである．式 (4.3.2) と式 (4.3.3) の右辺には，未知変数が現れているのであるが，たとえば I_m を既知変数とみなして，式 (4.3.3)，(4.3.4) を解き，得られた V_n を式 (4.3.2) に代入して，式 (4.3.1)，(4.3.2) を解けば，I_k と I_m を求めることができる．この場合，2 元連立方程式を 2 回解けばよい．連立方程式を解くもっとも普通の方法は，消去法であるが，n 元連立方程式を解くのには，n^3 に比例するような手間がかかるので，少ない元の連立方程式を何回か解くほうが手間が少なくなる場合が多い．

　なお，節点解析も網目解析も，回路の励振電源の種類に制限があった．回路が電圧源と電流源の両方を含む場合は，混合解析を適用することも考えられる．

4.4　章末例題

例題 4.4.1　図 4.4.1 の回路に対する節点方程式を求めよ．また，電流源とその並列抵抗をテブナン等価回路に変換した後，網目方程式を導け．

解　節点 m と節点 n のそれぞれに接続される素子，節点間に接続される素子を考えて，節点方程式は

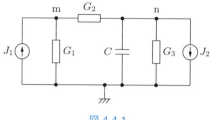

図 4.4.1

$$(G_1 + G_2)V_m - G_2 V_n = J_1 \tag{4.4.1}$$
$$-G_2 V_m + (G_2 + G_3 + j\omega C)V_n = -J_2 \tag{4.4.2}$$

となる．電流 J_1 は節点 m に流入しているが，J_2 は節点 n から流出しているので，式 (4.4.2) の右辺にはマイナス符号がつく．次に，電流源とその並列抵抗をテブナン等価回路に変換すると，図 4.4.2 を得る．ただし，$R_1 = 1/G_1$, $R_2 = 1/G_2$, $R_3 = 1/G_3$ である．網目電流を I_a, I_b とすると，次の網目方程式を得る．

$$\left(R_1 + R_2 + \frac{1}{j\omega C}\right)I_a - \frac{1}{j\omega C}I_b = R_1 J_1 \tag{4.4.3}$$
$$-\frac{1}{j\omega C}I_a + \left(R_3 + \frac{1}{j\omega C}\right)I_b = R_3 J_2 \tag{4.4.4}$$

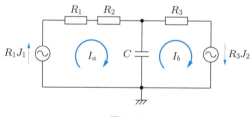

図 4.4.2

例題 4.4.2 図 4.4.3 の回路に対する修飾節点方程式を求めよ．

解 節点 m, n, p の節点電圧をそれぞれ V_m, V_n, V_p, 電圧源の電流を I とする．I を電流源電流とみなし，節点方程式を導くと，

$$(G_1 + j\omega C_1)V_m - G_1 V_n - j\omega C_1 V_p = I \tag{4.4.5}$$
$$-G_1 V_m + (G_1 + G_3 + j\omega C_2)V_n - G_3 V_p = 0 \tag{4.4.6}$$
$$-j\omega C_1 V_m - G_3 V_n + (G_2 + G_3 + j\omega C_1)V_p = 0 \tag{4.4.7}$$

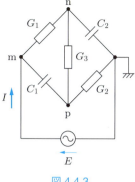

図 4.4.3

を得る.また,電圧源電圧と節点電圧の関係式は

$$V_m = E \tag{4.4.8}$$

である.(**注**:$V_m = E$ を式 (4.4.6), (4.4.7) に代入して 2 元連立方程式を解けば V_n, V_p が求められ,さらに,式 (4.4.5) から I が得られることに注意しよう.I は未知変数だが,節点電圧を求めるのには関与しない.)

例題 4.4.3 図 4.4.4 の回路を $M_1 = \{E, L, R_1\}$, $N = \{G_2, G_3\}$, $M_2 = \{R_4\}$ に分割し,N に対する節点方程式,M_1, M_2 に対する網目方程式を導け.それらの方程式から節点電圧 V_n, V_p を消去して得られる方程式が,もとの回路の網目方程式となることを確かめよ.

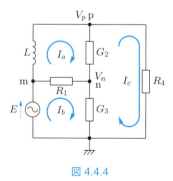

図 4.4.4

解 図 4.4.4 の回路を分割すると,図 4.4.5 に示す回路が得られる.V_n, V_p はそれぞれ節点 n, p の節点電圧である.図 4.4.5 (a) の回路に対しては

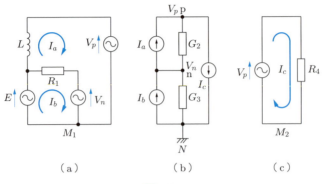

図 4.4.5

$$(R_1 + j\omega L)I_a - R_1 I_b = V_n - V_p \tag{4.4.9}$$

$$-R_1 I_a + R_1 I_b = E - V_n \tag{4.4.10}$$

図 4.4.5 (b) の回路に対しては

$$(G_2 + G_3)V_n - G_2 V_p = I_b - I_a \tag{4.4.11}$$

$$-G_2 V_n + G_2 V_p = I_a - I_c \tag{4.4.12}$$

図 4.4.5 (c) の回路に対しては

$$R_4 I_c = V_p \tag{4.4.13}$$

が導かれる.次に,式 (4.4.11)+ 式 (4.4.12) から

$$V_n = R_3(I_b - I_c) \quad \left(\text{ただし},\ R_3 = \frac{1}{G_3}\right) \tag{4.4.14}$$

が得られ,さらに式 (4.4.12) から

$$V_p = R_2(I_a - I_c) + R_3(I_b - I_c) \quad \left(\text{ただし},\ R_2 = \frac{1}{G_2}\right) \tag{4.4.15}$$

となる.これらを式 (4.4.9), (4.4.10), (4.4.13) に代入して整理すると,網目方程式が次のように得られる.

$$(R_1 + R_2 + j\omega L)I_a - R_1 I_b - R_2 I_c = 0 \tag{4.4.16}$$

$$-R_1 I_a + (R_1 + R_3)I_b - R_3 I_c = E \tag{4.4.17}$$

$$-R_2 I_a - R_3 I_b + (R_2 + R_3 + R_4)I_c = 0 \tag{4.4.18}$$

例題 4.4.4 図 4.4.6 の回路における I_a, I_b, V_n に関する混合方程式を導け.

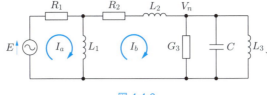

図 4.4.6

解 網目電流 I_b を節点方程式に,節点電圧 V_n を網目方程式に残して,以下を得る.

$$\left(G_3 + j\omega C + \frac{1}{j\omega L_3}\right)V_n = I_b \tag{4.4.19}$$

$$(R_1 + j\omega L_1)I_a - j\omega L_1 I_b = E \tag{4.4.20}$$

$$-j\omega L_1 I_a + (R_2 + j\omega L_1 + j\omega L_2)I_b = -V_n \tag{4.4.21}$$

演習問題

4.1 問図 4.1 に示す回路に対する節点方程式を求めよ.

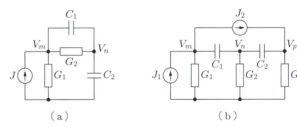

問図 4.1

4.2 問図 4.2 に示す回路に対する網目方程式を求めよ.

4.3 問図 4.2 の回路において,電圧源とそれに直列な抵抗をノートン等価回路で置き換え,回路に対する節点方程式を求めよ.

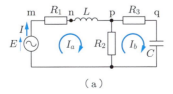 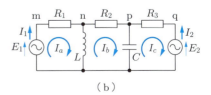

問図 4.2

4.4 問図 4.2 に示す回路に対する修飾節点方程式を求めよ．

4.5 問図 4.3 に示す回路に対する修飾節点方程式を求めよ．

4.6 問図 4.3 に示す回路に対して，V_a, I_α を未知変数とする混合方程式を導け．

4.7 問図 4.4 に示す回路に対する修飾節点方程式を求めよ．

4.8 問図 4.4 に示す回路に対して，V_a, V_b, I_α, I_β を未知変数とする混合方程式を導け．

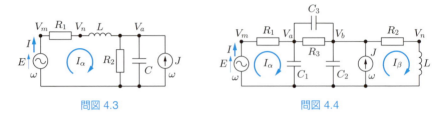

問図 4.3　　　　　　　　　　　問図 4.4

5章
相互結合素子を含む回路

　二つのコイル（回路モデルはインダクタ）を接近させると，コイル相互間の電磁的な結合により，一方のコイルの電流による電圧がもう一方のコイルに現れ，これらのコイルは，それぞれが単独にあるときと異なった電圧・電流特性をもつようになる．このような二つのコイルは，2端子対回路としてモデル化され，その電圧・電流特性は，二つの端子対間を結合した電圧と電流の関係として示される．また，トランジスタなどの半導体素子も，結合をもつ素子から構成される3端子回路，あるいは2端子対回路としてモデル化される．この章では，回路解析によく現れる相互結合素子の定義と，その取り扱い方法について解説する．回路解析の基礎となる方程式のうち，KVL 方程式とKCL 方程式は，これまでと同様な方法で導かれるが，素子の電圧・電流特性を，どのようにKVL 方程式とKCL 方程式に組み込むかが重要なポイントとなる．

5.1　相互誘導回路

　接近した二つのコイルをモデル化すると，図 5.1.1 に示されるような相互誘導回路となる．この回路は，電圧あるいは電流の大きさを変えるのに用いられる変成器のモデルでもある．そのときは，回路の左側端子対を **1 次側**，右側端子対を **2 次側**という．また，エネルギーや信号の伝送を考えるときには，左側端子対を**入力側**，右側端子対を**出力側**という．

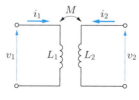

図 5.1.1　相互誘導回路

▶ **電圧・電流特性**： 相互誘導回路の時間領域における端子対電圧と端子対電流の関係は

$$\left. \begin{array}{l} v_1 = L_1 \dfrac{di_1}{dt} + M \dfrac{di_2}{dt} \\ v_2 = M \dfrac{di_1}{dt} + L_2 \dfrac{di_2}{dt} \end{array} \right\} \tag{5.1.1}$$

である．式 (5.1.1) を見ると，端子対 1-1′ の電流 i_1 のインダクタ L_1 による電圧に加えて，端子対 2-2′ の電流 i_2 による電圧が端子対 1-1′ に現れ，端子対 2-2′ の電流 i_2 のインダクタ L_2 による電圧に加えて，端子対 1-1′ の電流 i_1 による電圧が端子対 2-2′ に現れていることがわかる．

▶ **相互インダクタンス**： 式 (5.1.1) における M は，**相互インダクタンス**とよばれる．相互インダクタンスは異なった端子対における電流と電圧を結びつけている．相互インダクタンスと区別するために，L_1, L_2 を**自己インダクタンス**ということがある．L_1, L_2, M の間には

$$L_1 L_2 - M^2 \geqq 0 \tag{5.1.2}$$

が成立する．式 (5.1.2) において等号が成立するのは，コイルが理想的に密着したときであり，このような回路を**密結合**な相互誘導回路という．通常のコイルに対しては不等号が成立する．2 個のコイルの結合の度合を示すためには，

$$k = \frac{M}{\sqrt{L_1 L_2}} \tag{5.1.3}$$

で与えられる**結合係数** k が用いられる．

相互インダクタンスを含む回路は，**RLCM 回路**とよばれる．

▶ **コイルの向き**： 二つのコイルのうち，一方のコイルの向きだけを逆にすると，相互誘導による電圧の向きも逆になり，

$$\left. \begin{array}{l} v_1 = L_1 \dfrac{di_1}{dt} - M \dfrac{di_2}{dt} \\ v_2 = -M \dfrac{di_1}{dt} + L_2 \dfrac{di_2}{dt} \end{array} \right\} \tag{5.1.4}$$

が成立することになる．したがって，コイルの向きを明確に示したいときは，図 5.1.2 のようにコイルに ● 印をつけ，同図 (a) については式 (5.1.1) が，同図 (b) については式 (5.1.4) が成立するものとする．このとき，$M > 0$ となるように ● 印をつける．

一方，● 印のない図 5.1.1 を用い，図 5.1.2(a) のようなコイル方向なら $M > 0$, 同図 (b) のようなコイル方向なら $M < 0$ であると考えてもよい．このように考えると，

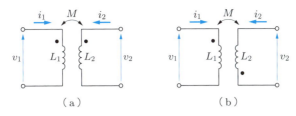

図 5.1.2　相互インダクタンスの符号

常に図 5.1.1 と式 (5.1.1) を用いることができて便利であるから，本書ではこの方式を採用する．なお，L_1，L_2 が正なら式 (5.1.1) が成立するためには，電圧と電流の方向は図 5.1.1 に示すようでなければならない．相互誘導回路についても，電圧と電流の方向には十分注意しよう．

▶ **複素数領域の特性**：回路の電圧と電流がすべて同じ周波数をもつ正弦波であるなら，v_1, v_2, i_1, i_2 の複素数表示をそれぞれ V_1, V_2, I_1, I_2 として，式 (5.1.1) から

$$\left. \begin{array}{l} V_1 = j\omega L_1 I_1 + j\omega M I_2 \\ V_2 = j\omega M I_1 + j\omega L_2 I_2 \end{array} \right\} \quad (5.1.5)$$

が得られる．2 章においてキャパシタやインダクタの電圧・電流特性を求めたときのように，式 (5.1.5) は，式 (5.1.1) において変数 v_1, v_2, i_1, i_2 を V_1, V_2, I_1, I_2 に置き換えるとともに，d/dt を $j\omega$ に置き換えて得られる．

5.2　相互誘導回路を含む回路の正弦波定常解析

この節では，相互誘導回路を含む回路の正弦波定常解析について説明する．

まず，一般に，2 端子対回路を含む回路に対する KVL 方程式あるいは KCL 方程式を導く際には，2 端子対回路のそれぞれの端子対の電圧あるいは電流を 1 端子対回路の場合とまったく同様に，KVL 方程式あるいは KCL 方程式に含めればよい．

次に，網目方程式のように，KVL 方程式から素子の電圧を素子の電圧・電流特性を用いて消去する場合，相互誘導回路については，式 (5.1.5) を用いて端子対の電圧を消去することになる．結果として得られる網目方程式は，相互誘導回路を含まなかったときと同様，規則的な形をしていて，回路から直接的に求められる．

節点方程式のように，KCL 方程式から素子の電流を，素子の電圧・電流特性を用いて消去する場合，相互誘導回路については，端子対の電流を消去しなければならないから，式 (5.1.5) から端子対の電流を求め，KCL 方程式に代入することになる．式 (5.1.5) が I_1, I_2 について解けるためには，式 (5.1.2) において等号が成立してはなら

ない．$L_1 L_2 - M^2 > 0$ なら，式 (5.1.5) から

$$
\left.\begin{aligned}
I_1 &= \frac{1}{j\omega(L_1 L_2 - M^2)}(L_2 V_1 - MV_2) \\
I_2 &= \frac{1}{j\omega(L_1 L_2 - M^2)}(-MV_1 + L_1 V_2)
\end{aligned}\right\} \tag{5.2.1}
$$

が得られる．

例題 5.2.1 図 5.2.1 の回路に対する網目方程式を導け．図に示すように網目電流を I_a, I_b とする．

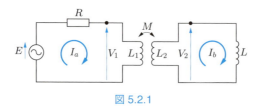

図 5.2.1

解 抵抗 R，インダクタ L の電圧をそれぞれ V_R, V_L，電流をそれぞれ I_R, I_L とする．網目方程式の出発点となる網目に対する KVL 方程式は

$$V_R + V_1 = E \tag{5.2.2}$$
$$-V_2 + V_L = 0 \tag{5.2.3}$$

である．これに素子電圧・電流特性

$$V_R = RI_R, \qquad V_L = j\omega L I_L, \qquad \text{および式 (5.1.5)} \tag{5.2.4}$$

と，素子電流と網目電流の関係

$$I_R = I_a, \qquad I_1 = I_a, \qquad I_2 = -I_b, \qquad I_L = I_b \tag{5.2.5}$$

を代入して，次式が得られる．

$$(R + j\omega L_1)I_a - j\omega M I_b = E \tag{5.2.6}$$
$$-j\omega M I_a + j\omega (L_2 + L)I_b = 0 \tag{5.2.7}$$

例題 5.2.1 の式 (5.2.6), (5.2.7) から推測されるように，相互インダクタンス M は，二つの網目の共通素子のように考えればよい．ただし，M は注目している網目の網目電流の係数には含まれない（自己インダクタンスが含まれるのみ）．式 (5.2.6) は，左

側の網目に注目した KVL 方程式から導かれるが，この式において M は I_a の係数に含まれない．また，式 (5.2.7) は，右側の網目に注目した KVL 方程式から導かれるが，この式において M は I_b の係数に含まれない．

▶ **相互誘導回路の等価回路**：図 5.2.2(a) のように，二つのコイルが共通の端子をもてば，相互誘導回路に対して相互インダクタンスを含まない等価回路を求めることができる．式 (5.1.1) は

$$\left.\begin{aligned} v_1 &= (L_1 - M)\frac{\mathrm{d}i_1}{\mathrm{d}t} + M\frac{\mathrm{d}(i_1 + i_2)}{\mathrm{d}t} \\ v_2 &= M\frac{\mathrm{d}(i_1 + i_2)}{\mathrm{d}t} + (L_2 - M)\frac{\mathrm{d}i_2}{\mathrm{d}t} \end{aligned}\right\} \quad (5.2.8)$$

と書き直せるが，この式は，図 5.2.2(b) のような相互インダクタンスを含まない回路の電圧と電流の関係を表している．つまり，図 5.2.2(b) の回路は，端子対から見る限り，図 5.2.2(a) の回路と変わらない．$L_1 - M$ あるいは $L_2 - M$ は，必ずしも正と限らないが，このような等価回路を用いると，相互結合を考えずに回路の方程式を立てられる．

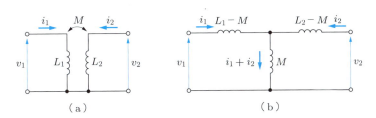

図 5.2.2 コイルの一端共通のときの等価回路

例題 5.2.2 図 5.2.3 の回路の端子対 a-b から見た複素インピーダンスを求めよ．

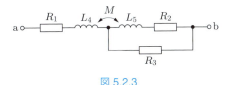

図 5.2.3

解 図 5.2.3 の回路から，相互誘導回路の等価回路を導入して得られる回路を図 5.2.4 に示す．この回路の左側は抵抗とインダクタの直列接続，また，右側はインダクタと抵抗の直列接続を並列接続したものであるから，求める複素インピーダンスは次式のようになる．

$$R_1 + j\omega(L_4 - M) + \cfrac{1}{\cfrac{1}{R_2 + j\omega(L_5 - M)} + \cfrac{1}{R_3 + j\omega M}}$$
$$= R_1 + j\omega(L_4 - M) + \frac{\{R_2 + j\omega(L_5 - M)\}(R_3 + j\omega M)}{R_2 + R_3 + j\omega L_5} \tag{5.2.9}$$

5.3 理想変成器

一般に変成器は，いくつかのコイルの電磁的結合により，電圧の昇降などを行う機器であるが，これを理想化して，単に電圧を n 倍，電流を $1/n$ 倍に変える一種の変換器を**理想変成器**という．理想変成器を 2 端子対回路として示すと，図 5.3.1 のようになる．図の左側を **1 次側**，右側を **2 次側**という．

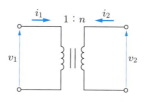

図 5.3.1 　理想変成器

▶ **電圧・電流特性**：時間領域における電圧・電流特性は

$$v_2 = nv_1 \tag{5.3.1}$$

$$i_2 = -\frac{1}{n}i_1 \tag{5.3.2}$$

である．複素数領域における電圧・電流特性は，式 (5.3.1), (5.3.2) の電圧と電流を複素数表示に置き換えたものになる．

$$V_2 = nV_1, \qquad I_2 = -\frac{1}{n}I_1 \tag{5.3.3}$$

▶ **インピーダンスの変換**：理想変成器の応用はいろいろあるが，その一つはインピー

ダンスの変換である．図 5.3.2 のように，理想変成器の 2 次側に複素インピーダンス Z を接続したとすると，

$$V_2 = -ZI_2 \tag{5.3.4}$$

が成立する（電流の方向に注意）が，これに式 (5.3.3) を代入すると，

$$\frac{V_1}{I_1} = \frac{Z}{n^2} \tag{5.3.5}$$

が得られる．この式は，理想変成器を通すと，Z という複素インピーダンスが，Z/n^2 という複素インピーダンスに変換されたことを示している．このようにインピーダンスを変換する素子は，**インピーダンス・コンバータ**とよばれる．

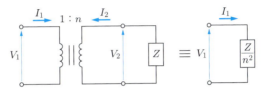

図 5.3.2　理想変成器によるインピーダンスの変換

インピーダンスの変換が必要な場合の例としては，3 章に述べた最大電力供給のための整合がある．負荷が抵抗の場合の整合条件は，「負荷抵抗 R_L を電源の内部抵抗 R_0 に等しくする」であるが，R_L が R_0 に等しくないとき，電源側と負荷側とを理想変成器で結合すると，負荷 R_L は R_L/n^2 に変換されるので，$n = \sqrt{R_L/R_0}$ と選べば，整合条件が満たされることになる．しかもこのとき，のちほど示すように，理想変成器で電力が消費されないので，エネルギー面から見ても好都合である．

例題 5.3.1　図 5.3.3 の回路の端子対 a-a' から見た複素アドミタンスを求めよ．

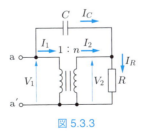

図 5.3.3

解　図に示すように，理想変成器の電圧と電流を V_1, V_2, I_1, I_2，抵抗 R の電流を I_R，キャパシタ C の電流を I_C とする．R と C の電圧・電流特性と理想変成器の電圧・電流特性から，

である。

$$I_R = \frac{V_2}{R} = \frac{nV_1}{R} \tag{5.3.6}$$

$$I_C = j\omega C(V_1 - V_2) = j\omega C(1-n)V_1 \tag{5.3.7}$$

である。また，

$$I_2 = I_R - I_C \tag{5.3.8}$$

である。端子 a に流れ込む電流は $I_1 + I_C$ であり，

$$\begin{aligned}
I_1 + I_C &= nI_2 + I_C = n(I_R - I_C) + I_C = nI_R + (1-n)I_C \\
&= \frac{n^2 V_1}{R} + (1-n)j\omega C(1-n)V_1 \\
&= \left\{\frac{n^2}{R} + j\omega C(1-n)^2\right\}V_1
\end{aligned} \tag{5.3.9}$$

となるから，端子対 a-a′ から見た複素アドミタンスは次式のように与えられる．

$$\frac{(I_1 + I_C)}{V_1} = \frac{n^2}{R} + j\omega C(1-n)^2 \tag{5.3.10}$$

▶ **理想変成器の電力消費**： 理想変成器の 1 次側に供給される電力 p は

$$p = v_1 i_1 \tag{5.3.11}$$

であるが，

$$p = v_1 i_1 = \frac{v_2}{n}(-n i_2) = -v_2 i_2 \tag{5.3.12}$$

となり，この式の右辺は 2 次側から出る電力を示している．したがって，理想変成器における電力消費はない．

▶ **m 巻線理想変成器**： 変成器が 3 個以上のコイル（インダクタ）をもつとき，これを理想化した変成器は図 5.3.4 のようなものとなる．この m 巻線理想変成器に対しては，時間領域で

$$v_1 : v_2 : \cdots : v_m = n_1 : n_2 : \cdots : n_m \tag{5.3.13}$$

$$n_1 i_1 + n_2 i_2 + \cdots + n_m i_m = 0 \tag{5.3.14}$$

が成立すると考える．複素数領域では，電圧と電流の複素数表示を用いて

$$V_1 : V_2 : \cdots : V_m = n_1 : n_2 : \cdots : n_m \tag{5.3.15}$$

▶ 5.3 理想変成器　135

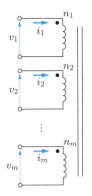

図 5.3.4　m 巻線理想変成器

$$n_1 I_1 + n_2 I_2 + \cdots + n_m I_m = 0 \tag{5.3.16}$$

である．なお，図 5.3.4 における ● 印は，図のように電圧と電流の方向がとられたときに，式 (5.3.13), (5.3.14) が成立することを示している．もし ● 印がコイルの反対側にあれば，式 (5.3.13), (5.3.14) あるいは式 (5.3.15), (5.3.16) において，そのコイルの電圧と電流にマイナス符号がつくことになる．

例題 5.3.2　図 5.3.5 に示す回路の負荷 R に流れる電流 I を求めよ．

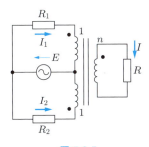

図 5.3.5

解　抵抗 R_1, R_2 に流れる電流を I_1, I_2 とすると，式 (5.3.16) から

$$nI = I_1 + I_2 \tag{5.3.17}$$

である．変成器の電圧は，それぞれ $E - R_1 I_1$, $E - R_2 I_2$, RI であるから，式 (5.3.15) を用いて

$$E - R_1 I_1 = E - R_2 I_2 = \frac{RI}{n} \tag{5.3.18}$$

を得る．この式から

$$I_1 = \frac{1}{R_1}\left(E - \frac{RI}{n}\right), \qquad I_2 = \frac{1}{R_2}\left(E - \frac{RI}{n}\right) \tag{5.3.19}$$

となり，これらを式 (5.3.17) に代入して I が求められる．

$$I = \frac{n(R_1 + R_2)E}{n^2 R_1 R_2 + R(R_1 + R_2)} \tag{5.3.20}$$

5.4 制御電源

　トランジスタの回路モデルでは，ベース電流の β 倍の電流がコレクタ側に流れる．このように，回路のあるところの電圧あるいは電流によって定まる電圧あるいは電流をほかのところに発生させる素子が，**制御電源**である．この節では，制御電源とはどのような素子か，また，制御電源を含む回路の解析はどのように行えばよいかなどについて解説する．

▶ **制御電源の種類**：制御電源は，**センサ**（あるいは制御枝）と**従属電源**とからなる．つまり，センサは，それがあるところの電圧あるいは電流（制御電圧あるいは制御電流）を感じ取り，感じ取られた電圧あるいは電流に応じた電圧あるいは電流を従属電源が発生することになる．センサには，電圧を感じ取る電圧センサと，電流を感じ取る電流センサがある．また，従属電源には，電圧を発生する従属電圧源と，電流を発生する従属電流源とがある．これらのセンサと従属電源の組み合せとして，**電圧制御電流源**，**電流制御電圧源**，**電圧制御電圧源**，**電流制御電流源**の 4 種類の制御電源が存在する．それらをそれぞれ図 5.4.1〜図 5.4.4 に示す．

　なお，従属電圧源あるいは従属電流源と区別するために，これまでの電圧源あるいは電流源を**独立電圧源**，**独立電流源**ということがある．

▶ **電圧・電流特性**：図からわかるように，制御電源は 2 端子対素子である．その電圧・電流特性は次のようである．

電圧制御電流源
$$i_1 = 0, \qquad i_2 = gv_1 \tag{5.4.1}$$
電流制御電圧源
$$v_1 = 0, \qquad v_2 = ri_1 \tag{5.4.2}$$

電圧制御電圧源
$$i_1 = 0, \qquad v_2 = hv_1 \tag{5.4.3}$$
電流制御電流源
$$v_1 = 0, \qquad i_2 = ki_1 \tag{5.4.4}$$

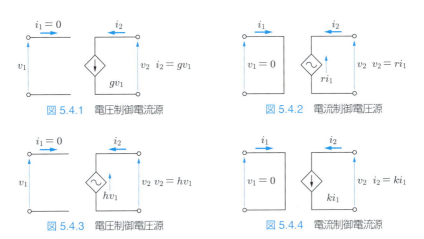

図 5.4.1　電圧制御電流源

図 5.4.2　電流制御電圧源

図 5.4.3　電圧制御電圧源

図 5.4.4　電流制御電流源

　電圧センサがある素子に並列に挿入されると，その素子の電圧が，そのまま電圧センサの電圧すなわち制御電圧となる．双対的に，電流センサがある素子に直列に挿入されると，その素子の電流が，そのまま電流センサの電流すなわち制御電流となる．図と式からわかるように，電圧センサは開放端子対であり，電圧センサに流れる電流は0である．双対的に，電流センサは短絡端子対であり，電流センサの電圧は0である．このため，センサだけの挿入によって，回路の電圧・電流が変化することはない．電圧センサは開放端子対，電流センサは短絡端子対であるため，センサを明示しないで，センサと並列あるいは直列となる素子の電圧あるいは電流によって，制御電圧あるいは制御電流とすることが多い．

▶ **制御電源を含む回路の解析**：上に述べたようにセンサは，回路の電圧・電流に影響を及ぼさない．従属電源は，これまでの電源（独立電源）と同じように取り扱えばよい．ただし，制御電圧あるいは制御電流と従属電圧源の電圧あるいは従属電流源の電流の関係式が付け加わってくる．

例題 5.4.1 図 5.4.5 に示す回路に対する節点方程式を導け．ただし，$J_1 = KI_1$ である．

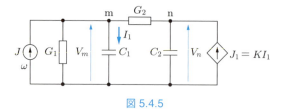

図 5.4.5

解 RLC 回路の節点方程式と同じようにして

$$\begin{bmatrix} G_1 + G_2 + j\omega C_1 & -G_2 \\ -G_2 & G_2 + j\omega C_2 \end{bmatrix} \begin{bmatrix} V_m \\ V_n \end{bmatrix} = \begin{bmatrix} J \\ J_1 \end{bmatrix} \quad (5.4.5)$$

を得るが，$J_1 = KI_1 = j\omega C_1 K V_m$ を代入すると，この式は次式のようになる．

$$\begin{bmatrix} G_1 + G_2 + j\omega C_1 & -G_2 \\ -G_2 - j\omega C_1 K & G_2 + j\omega C_2 \end{bmatrix} \begin{bmatrix} V_m \\ V_n \end{bmatrix} = \begin{bmatrix} J \\ 0 \end{bmatrix} \quad (5.4.6)$$

例題 5.4.2 図 5.4.6 に示す回路に対する網目方程式を導け．ただし，$E_2 = RI_2$ である．

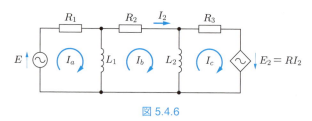

図 5.4.6

解 RLC 回路の網目方程式と同じようにして

$$\begin{bmatrix} R_1 + j\omega L_1 & -j\omega L_1 & 0 \\ -j\omega L_1 & R_2 + j\omega(L_1 + L_2) & -j\omega L_2 \\ 0 & -j\omega L_2 & R_3 + j\omega L_2 \end{bmatrix} \begin{bmatrix} I_a \\ I_b \\ I_c \end{bmatrix} = \begin{bmatrix} E \\ 0 \\ E_2 \end{bmatrix} \quad (5.4.7)$$

を得るが，$E_2 = RI_2 = RI_b$ を代入すると，この式は次式のようになる．

$$\begin{bmatrix} R_1 + j\omega L_1 & -j\omega L_1 & 0 \\ -j\omega L_1 & R_2 + j\omega(L_1 + L_2) & -j\omega L_2 \\ 0 & -R - j\omega L_2 & R_3 + j\omega L_2 \end{bmatrix} \begin{bmatrix} I_a \\ I_b \\ I_c \end{bmatrix} = \begin{bmatrix} E \\ 0 \\ 0 \end{bmatrix} \quad (5.4.8)$$

5.5 章末例題

例題 5.5.1 図 5.5.1 に示す回路において，抵抗 R に流れる電流を求めよ．

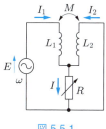

図 5.5.1

解 相互誘導回路の 1 次側，2 次側に流れる電流をそれぞれ I_1，I_2 とすると，

$$\left.\begin{array}{l} j\omega L_1 I_1 + j\omega M I_2 + RI = E \\ j\omega M I_1 + j\omega L_2 I_2 + RI = 0 \\ I_1 + I_2 = I \end{array}\right\} \tag{5.5.1}$$

が成立する．式 (5.5.1) から I_1，I_2 を消去して I を求めると，式 (5.5.2) となる．

$$I = \frac{(L_2 - M)E}{(L_1 + L_2 - 2M)R + j\omega(L_1 L_2 - M^2)} \tag{5.5.2}$$

例題 5.5.2 図 5.5.2 に示す回路において，電流 I_1 と I_2 の実効値が等しく，位相差が $45°$ となる条件を求めよ．

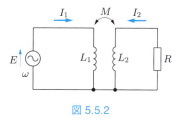

図 5.5.2

解 図 5.5.2 の回路に対しては，

$$j\omega L_1 I_1 + j\omega M I_2 = E \tag{5.5.3}$$

$$j\omega M I_1 + (R + j\omega L_2) I_2 = 0 \tag{5.5.4}$$

が成立する．I_1 と I_2 の実効値が等しく，位相差が $45°$ のときは，$I_1 = (1+j)I_2/\sqrt{2}$ あるいは $I_1 = (1-j)I_2/\sqrt{2}$ と表せる．これを式 (5.5.4) に代入すると，

$$\left\{ \frac{j\omega M(1 \pm j)}{\sqrt{2}} + R + j\omega L_2 \right\} I_2 = 0 \tag{5.5.5}$$

を得る．$I_2 \neq 0$ だから，式 (5.5.5) の { } 内が 0 でなければならない．したがって，

$$R \mp \frac{\omega M}{\sqrt{2}} = 0, \qquad \frac{\omega M}{\sqrt{2}} + \omega L_2 = 0 \tag{5.5.6}$$

を得るが，$R > 0$，$L_2 > 0$ だから，

$$\omega M = -\sqrt{2}R = -\sqrt{2}\omega L_2 \tag{5.5.7}$$

が求める条件である．

例題 5.5.3 図 5.5.3 に示すような**キャンベルのブリッジ回路**において，受話器 T の電流が 0 となる周波数 f_0 を求めよ．

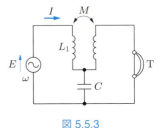

図 5.5.3

解 T のインピーダンスは 0 でないので，T の電流が 0 のときは，T の電圧も 0 である．T の電流が 0，したがって，相互誘導回路の 2 次側の電流も 0 なので，2 次側の自己インダクタンスによる電圧はなく，2 次側の電圧は相互インダクタンスによる $j\omega MI$ となる．これに C の電圧を加えて，2 次側の閉路に対する KVL 方程式は

$$\left(j\omega M + \frac{1}{j\omega C}\right)I = 0 \tag{5.5.8}$$

となる．相互誘導回路の 1 次側では相互インダクタンスによる電圧はなく，1 次側の閉路に対する KVL 方程式は

$$\left(j\omega L_1 + \frac{1}{j\omega C}\right)I = E \tag{5.5.9}$$

となるので，$I \neq 0$ である．したがって，式 (5.5.8) の左辺の (　) 内が 0 でなければならず，次の結果を得る．

$$\omega_0{}^2 = \frac{1}{MC}, \qquad f_0 = \frac{1}{2\pi\sqrt{MC}} \tag{5.5.10}$$

例題 5.5.4 図 5.5.4 に示す回路の端子対 a-a′ から見た複素インピーダンス Z_{in} を求めよ．

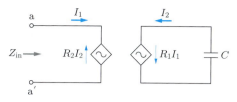

図 5.5.4

解 図の回路の右側半分に対しては，キャパシタ C の電圧が $R_1 I_1$，電流が I_2 であり，

$$I_2 = j\omega C R_1 I_1 \tag{5.5.11}$$

が成り立つ．したがって，端子対 a-a' の電圧は

$$R_2 I_2 = j\omega C R_1 R_2 I_1 \tag{5.5.12}$$

であり，

$$Z_{\text{in}} = j\omega C R_1 R_2 \tag{5.5.13}$$

となる．（**注**：この回路では，複素アドミタンス $j\omega C$ が，2 個の制御電源からなる 2 端子対回路により，複素インピーダンスに変換されている．このように，複素アドミタンスを複素インピーダンスに，あるいはその逆に変換する 2 端子対回路は，**インピーダンス・インバータ**とよばれる．）

例題 5.5.5 図 5.5.5 に示す回路において，電圧源の供給する電力と，抵抗 R の消費する電力を比較せよ（従属電圧源の電圧の方向に注意）．

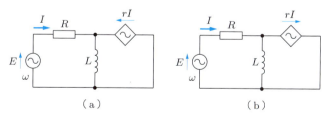

図 5.5.5

解 (a) 2 個の電圧源を含む閉路に対する KVL 方程式

$$RI + rI = E \tag{5.5.14}$$

が得られる．したがって，

$$I = \frac{E}{R+r} \tag{5.5.15}$$

である．電圧源 E の供給する電力 P_1 は

$$P_1 = \mathrm{Re}\,\overline{E}I = \frac{|E|^2}{R+r} \tag{5.5.16}$$

となり，また，抵抗 R の消費する電力 P_2 は

$$P_2 = R|I|^2 = \frac{R|E|^2}{(R+r)^2} \tag{5.5.17}$$

となる．これらの電力の差は

$$P_1 - P_2 = \frac{|E|^2}{R+r} - \frac{R|E|^2}{(R+r)^2} = \frac{r|E|^2}{(R+r)^2} \tag{5.5.18}$$

であり，インダクタ L における電力消費はないので，式 (5.5.18) の電力は，制御電源が消費する電力である．

(b) 2 個の電圧源を含む閉路に対する KVL 方程式

$$RI - rI = E \tag{5.5.19}$$

が得られる．したがって，

$$I = \frac{E}{R-r} \tag{5.5.20}$$

である．電圧源 E の供給する電力 P_1 は

$$P_1 = \frac{|E|^2}{R-r} \tag{5.5.21}$$

となり，また，抵抗 R の消費する電力 P_2 は

$$P_2 = \frac{R|E|^2}{(R-r)^2} \tag{5.5.22}$$

となる．これらの電力の差は

$$P_2 - P_1 = \frac{R|E|^2}{(R-r)^2} - \frac{|E|^2}{R-r} = \frac{r|E|^2}{(R-r)^2} \tag{5.5.23}$$

であり，インダクタ L における電力消費はないので，式 (5.5.23) の電力は，制御電源が供給する電力である．(**注**：制御電源は，エネルギーを消費する受動素子にもエネルギーを供給する能動素子にもなりえる．)

演習問題

5.1 問図 5.1 に示す回路の端子対 a-a' から見た複素インピーダンスを求めよ．

5.2 問図 5.2 に示す回路において，抵抗 R の値にかかわらず，電流 I が電圧 E と同相になるための条件を求めよ．

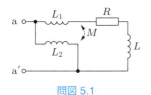

問図 5.1　　　　　　　　　問図 5.2

5.3 問図 5.3 に示す**ケーリー・フォスタ・ブリッジ**の平衡条件を求めよ．

5.4 問図 5.4 に示す回路の端子対 a-a' から見た複素インピーダンスを求めよ．

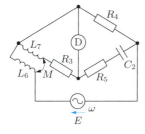
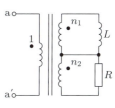

問図 5.3　　　　　　　　　問図 5.4

5.5 問図 5.5 に示す回路に対する節点方程式を求めよ．

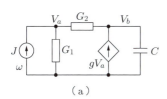
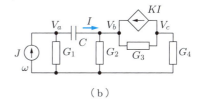

（a）　　　　　　　　　（b）

問図 5.5

5.6 問図 5.6 に示す回路において，V/E を求めよ．

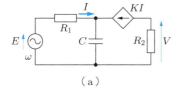
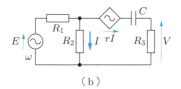

（a）　　　　　　　　　（b）

問図 5.6

6章 2端子対回路

　回路理論の目的の一つは，複雑な回路を簡単な形で表現して，回路の性質の理解を容易にしようということである．なかでも二つの端子対をもつ2端子対回路は，さまざまな回路のモデルとしてよく用いられる．この章では，2端子対回路のいくつかの表現を紹介し，その求め方を解説する．

6.1　2端子対回路の考え方

　2端子対回路（あるいは回路網）は，図6.1.1に示すような長方形の箱として描かれる．このように示される2端子対回路は，1.5節にも述べたように，一般には，より大きな回路（回路システム）の一部分を取り出したものである．つまり，図そのままでは端子対 1-1′ と端子対 2-2′ が開放されているようにみえるが，そうではなく，これらの端子対には，ほかの回路が接続されていると考える．しかし，端子対といったときには，図6.1.1に示すように，その1個の端子から流れ込む電流が，そのままもう一方の端子から流れ出すという条件がつけられる．回路からその一部分を2端子対回路として取り出そうとするときは，この条件が満たされていることを確かめる必要がある．端子対における接続を切ると，回路が二つに分かれるなら，キルヒホフの電流法則からこの条件が満たされる．また，2端子対回路をほかの回路に接続するときにも同様の注意が必要で，接続後に2端子対回路でなくなることもある．回路図では，端

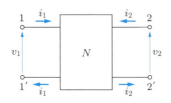

図 6.1.1　2端子対回路

子対 1-1' の電流 i_1 あるいは端子対 2-2' の電流 i_2 が，一方の端子だけにしか記されないことが多いので，この条件を忘れないようにしなければならない．

この章で取り扱う 2 端子対回路には，独立電源が含まれていないものとする．この場合，二つの端子対の電圧と電流は，簡単な形で関係づけられる．この関係，つまり 2 端子対回路の表現は，一般には 1 通りではなく，いろいろある表現から 2 端子対回路を用いる目的に応じて選ぶことになる．大抵の場合，一つの表現からほかの表現を導くことは可能であるが，理想変成器や制御電源など，あるいはそれらを含む回路には，特定の表現しか存在しないことがある．

6.2 節以降に 2 端子対回路の表現について順次解説していく．回路は正弦波定常状態にあるとし，複素数領域における行列表現を考える．電圧・電流は複素数表示されたものである．

6.2 アドミタンス行列とインピーダンス行列（Y 行列と Z 行列）

節点方程式などから予想できるように，RLC 2 端子対回路の端子対 1-1' の電圧 V_1，電流 I_2，端子対 2-2' の電圧 V_2，電流 I_2 は

$$\begin{bmatrix} I_1 \\ I_2 \end{bmatrix} = \begin{bmatrix} Y_{11} & Y_{12} \\ Y_{21} & Y_{22} \end{bmatrix} \begin{bmatrix} V_1 \\ V_2 \end{bmatrix} \tag{6.2.1}$$

と関係づけられる．右辺の係数行列は，**アドミタンス行列**あるいは **Y 行列**，また，Y_{11}, Y_{12}, Y_{21}, Y_{22} は**アドミタンス・パラメータ**とよばれる．2 端子対回路をアドミタンス行列で表現すると図 6.2.1 のようになる．

また，網目方程式などから予想できるように，RLC 2 端子対回路の端子対 1-1' の電圧 V_1，電流 I_1，端子対 2-2' の電圧 V_2，電流 I_2 は

$$\begin{bmatrix} V_1 \\ V_2 \end{bmatrix} = \begin{bmatrix} Z_{11} & Z_{12} \\ Z_{21} & Z_{22} \end{bmatrix} \begin{bmatrix} I_1 \\ I_2 \end{bmatrix} \tag{6.2.2}$$

と関係づけることができる．右辺の係数行列は，**インピーダンス行列**あるいは **Z 行列**，また，Z_{11}, Z_{12}, Z_{21}, Z_{22} は**インピーダンス・パラメータ**とよばれる．2 端子対回路をインピーダンス行列で表現すると，図 6.2.2 のようになる．

アドミタンス行列あるいはインピーダンス行列による表現が存在しない回路もある．たとえば，電流制御電圧源について考えてみると，I_2 を V_1 と V_2 で表すことができないので，アドミタンス行列による表現は存在しない．同様に，電圧制御電流源について考えてみると，V_2 を I_1 と I_2 で表すことができないので，インピーダンス行列によ

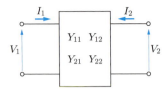

図 6.2.1 アドミタンス行列による
2 端子対回路の表現

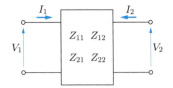

図 6.2.2 インピーダンス行列による
2 端子対回路の表現

る表現は存在しない．

例題 6.2.1 図 6.2.3 に示す回路のアドミタンス行列とインピーダンス行列を求めよ．

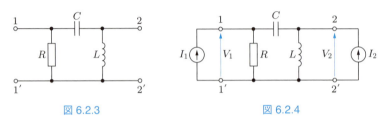

図 6.2.3   図 6.2.4

解 図 6.2.4 に示すように，電流源 I_1 と電流源 I_2 を接続し，節点方程式を求めると，

$$\begin{bmatrix} \dfrac{1}{R}+j\omega C & -j\omega C \\ -j\omega C & j\omega C + \dfrac{1}{j\omega L} \end{bmatrix} \begin{bmatrix} V_1 \\ V_2 \end{bmatrix} = \begin{bmatrix} I_1 \\ I_2 \end{bmatrix} \quad (6.2.3)$$

となる．この式と式 (6.2.1) を比べれば，左辺の係数行列がアドミタンス行列であることがわかる．次に，図 6.2.5 のように，電圧源 V_1 と V_2 を図 6.2.3 の回路に接続し，網目方程式を求めると，

$$\begin{bmatrix} R & -R & 0 \\ -R & R+j\omega L + \dfrac{1}{j\omega C} & -j\omega L \\ 0 & -j\omega L & j\omega L \end{bmatrix} \begin{bmatrix} I_1 \\ I_3 \\ -I_2 \end{bmatrix} = \begin{bmatrix} V_1 \\ 0 \\ -V_2 \end{bmatrix} \quad (6.2.4)$$

が得られる．この式から I_3 を消去するのであるが，

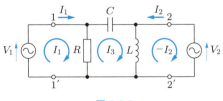

図 6.2.5

$$I_3 = \frac{1}{R + j\left(\omega L - \dfrac{1}{\omega C}\right)}(RI_1 - j\omega L I_2) \tag{6.2.5}$$

を代入して整理すれば,

$$\begin{bmatrix} \dfrac{jR}{Z}\left(\omega L - \dfrac{1}{\omega C}\right) & \dfrac{j\omega LR}{Z} \\ \dfrac{j\omega LR}{Z} & \dfrac{1}{Z}\left(\dfrac{L}{C} + j\omega LR\right) \end{bmatrix} \begin{bmatrix} I_1 \\ I_2 \end{bmatrix} = \begin{bmatrix} V_1 \\ V_2 \end{bmatrix} \tag{6.2.6}$$

ただし,

$$Z = R + j\left(\omega L - \dfrac{1}{\omega C}\right) \tag{6.2.7}$$

が得られる．この式と式 (6.2.2) を比べれば，左辺の係数行列がインピーダンス行列であることがわかる．

▶ **アドミタンス・パラメータの計算**：式 (6.2.1) の第 1 式は

$$I_1 = Y_{11}V_1 + Y_{12}V_2$$

であるが，この式で $V_2 = 0$ とおけば $I_1 = Y_{11}V_1$ となる．ところが，$V_2 = 0$ とは，2 端子対回路の端子対 2-2′ を短絡することを意味する．したがって，図 6.2.6 のように，2 端子対回路の端子対 2-2′ を短絡して得られる回路において，I_1/V_1 を求めると Y_{11} が得られ，I_2/V_1 を求めると Y_{21} が得られることになる．同様に，$V_1 = 0$ は端子対 1-1′ を短絡することに対応するので，図 6.2.7 に示すような回路から Y_{12}, Y_{22} が求められることになる．まとめると，

$$Y_{11} = \left.\frac{I_1}{V_1}\right|_{V_2=0}, \qquad Y_{21} = \left.\frac{I_2}{V_1}\right|_{V_2=0} \tag{6.2.8}$$

$$Y_{22} = \left.\frac{I_2}{V_2}\right|_{V_1=0}, \qquad Y_{12} = \left.\frac{I_1}{V_2}\right|_{V_1=0} \tag{6.2.9}$$

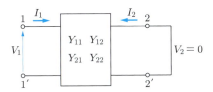

図 6.2.6　Y_{11}, Y_{21} を求めるための回路

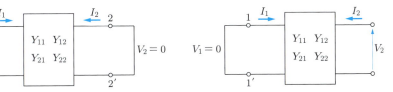

図 6.2.7　Y_{12}, Y_{22} を求めるための回路

が得られる．式 (6.2.8)，(6.2.9) において，| の右下側の $V_2 = 0$ あるいは $V_1 = 0$ は，$V_2 = 0$ あるいは $V_1 = 0$ としたときの電流と電圧を用いることを示している．

端子対を短絡した回路から導かれることから，Y_{11} と Y_{22} を**短絡駆動点アドミタンス**，Y_{12} と Y_{21} を**短絡伝達アドミタンス**とよぶ．「駆動点」は 1 個の端子対における電圧と電流の関係であることを意味し，「伝達」は 2 個の端子対にまたがった電圧と電流の関係であることを意味する．RLC 回路については，相反定理から次の式が成り立つ．

$$Y_{12} = Y_{21} \tag{6.2.10}$$

例題 6.2.2 図 6.2.8 の 2 端子対回路のアドミタンス・パラメータを求めよ．

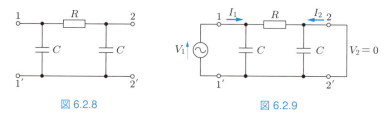

図 6.2.8　　　　　　　　　図 6.2.9

解 図 6.2.9 のように，端子対 2-2' を短絡して得られる回路を考え，まず端子対 1-1' から見た複素アドミタンスを求める．右側の C は，その両端子が短絡されているので，無視でき，

$$Y_{11} = \frac{1}{R} + j\omega C \tag{6.2.11}$$

である．次に，

$$I_2 = -\frac{V_1}{R} \tag{6.2.12}$$

であるから

$$Y_{21} = \left.\frac{I_2}{V_1}\right|_{V_2=0} = -\frac{1}{R} \tag{6.2.13}$$

を得る．この回路は左右対称であり，端子対 1-1' と端子対 2-2' を交換しても回路は変わらないので，Y_{22} は Y_{11} と，Y_{12} は Y_{21} と等しくなる．

$$Y_{22} = Y_{11} = \frac{1}{R} + j\omega C \tag{6.2.14}$$

$$Y_{12} = Y_{21} = -\frac{1}{R} \tag{6.2.15}$$

▶ **インピーダンス・パラメータの計算**： インピーダンス行列に対しては，式 (6.2.2) から

$$Z_{11} = \left.\frac{V_1}{I_1}\right|_{I_2=0}, \qquad Z_{21} = \left.\frac{V_2}{I_1}\right|_{I_2=0} \tag{6.2.16}$$

$$Z_{22} = \left.\frac{V_2}{I_2}\right|_{I_1=0}, \qquad Z_{12} = \left.\frac{V_1}{I_2}\right|_{I_1=0} \tag{6.2.17}$$

が得られる．$I_1 = 0$ は端子対 1-1' を開放することを意味し，$I_2 = 0$ は端子対 2-2' を開放することを意味する．つまり，インピーダンス・パラメータは図 6.2.10，図 6.2.11 の回路から求められる．端子対を開放した回路から導かれることから，Z_{11} と Z_{22} を **開放駆動点インピーダンス**，Z_{12} と Z_{21} を **開放伝達インピーダンス** とよぶ．RLC 回路については，相反定理から次式が成り立つ．

$$Z_{12} = Z_{21} \tag{6.2.18}$$

 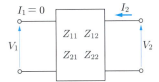

図 6.2.10　Z_{11}，Z_{21} を求めるための回路　　図 6.2.11　Z_{12}，Z_{22} を求めるための回路

例題 6.2.3　図 6.2.12 に示した回路のインピーダンス・パラメータを求めよ．

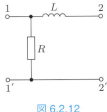

図 6.2.12

解　図 6.2.12 を，端子対 2-2' を開放した回路と見る．端子対 1-1' から見た複素インピーダンスは，L を無視してよいので，

$$Z_{11} = R \tag{6.2.19}$$

である．また，電流 I_1 がそのまま R に流れ，L の電流と電圧はいずれも 0 であるから

$$V_2 = V_1 = RI_1 \tag{6.2.20}$$

となり，これから

$$Z_{21} = R \tag{6.2.21}$$

が得られる．次に，図 6.2.12 を，端子対 1-1' を開放した回路と見る．端子対 2-2' から見た回路は，抵抗 R とインダクタ L の直列接続であるから，その複素インピーダンスは

$$Z_{22} = R + j\omega L \tag{6.2.22}$$

である．また，電流 I_2 がそのまま R に流れるので，

$$V_1 = RI_2 \tag{6.2.23}$$

となり，これから次の式が得られる．

$$Z_{12} = R \tag{6.2.24}$$

6.3　ハイブリッド行列（H 行列）

2 端子対回路の端子対電圧と端子対電流の関係を

$$\begin{bmatrix} V_1 \\ I_2 \end{bmatrix} = \begin{bmatrix} H_{11} & H_{12} \\ H_{21} & H_{22} \end{bmatrix} \begin{bmatrix} I_1 \\ V_2 \end{bmatrix} \tag{6.3.1}$$

のように表す場合，右辺の係数行列を**ハイブリッド行列**，あるいは **H 行列**という．$H_{11}, H_{12}, H_{21}, H_{22}$ は **H パラメータ**とよばれる．H 行列あるいは H パラメータは，トランジスタを表すモデルによく用いられる．アドミタンス・パラメータやインピーダンス・パラメータと同様に考えて，次の式が得られる．

$$H_{11} = \left.\frac{V_1}{I_1}\right|_{V_2=0}, \qquad H_{21} = \left.\frac{I_2}{I_1}\right|_{V_2=0} \tag{6.3.2}$$

$$H_{22} = \left.\frac{I_2}{V_2}\right|_{I_1=0}, \qquad H_{12} = \left.\frac{V_1}{V_2}\right|_{I_1=0} \tag{6.3.3}$$

例題 6.3.1　図 6.3.1 の回路の H パラメータを求めよ．

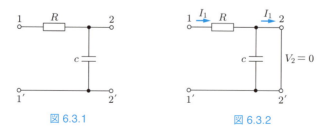

図 6.3.1　　　　　　　図 6.3.2

解 $V_2 = 0$ とは，端子対 2-2' を短絡することを意味するので，図 6.3.2 から

$$V_1 = RI_1, \qquad I_2 = -I_1 \tag{6.3.4}$$

となり，これから

$$H_{11} = R, \qquad H_{21} = -1 \tag{6.3.5}$$

が得られる．次に，図 6.3.1 を，端子対 1-1' を開放した回路 ($I_1 = 0$) と見る．抵抗 R の電流と電圧はいずれも 0 であるから

$$I_2 = j\omega c V_2, \qquad V_1 = V_2 \tag{6.3.6}$$

であり，これから次の式が得られる．

$$H_{12} = 1, \qquad H_{22} = j\omega c \tag{6.3.7}$$

6.4　4 端子行列（縦続行列，F 行列）

2 端子対回路の端子対の一方を入力側，他方を出力側として，入力と出力の関係を考えようとするときには，**4 端子行列**が用いられる．4 端子行列は**縦続行列**，あるいは **F 行列**ともよばれる．この行列を用いるときは，図 6.4.1 に示すように，出力側の電流の方向を回路から流れ出る方向に定める．この方向はアドミタンス行列やインピーダンス行列の場合と逆であるから，異なる行列を同時に用いるときには，とくに注意する必要がある．

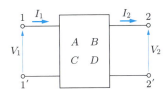

図 6.4.1　4 端子行列による 2 端子対回路の表現

4 端子行列を用いると，端子対電圧と端子対電流の関係は

$$\begin{bmatrix} V_1 \\ I_1 \end{bmatrix} = \begin{bmatrix} A & B \\ C & D \end{bmatrix} \begin{bmatrix} V_2 \\ I_2 \end{bmatrix} \tag{6.4.1}$$

と表現される．A, B, C, D は **4 端子定数（4 端子パラメータ）**とよばれる．$A, B,$

C, D はいずれも伝達を表す定数であるが,

$$A = \left.\frac{V_1}{V_2}\right|_{I_2=0}, \qquad C = \left.\frac{I_1}{V_2}\right|_{I_2=0} \tag{6.4.2}$$

$$B = \left.\frac{V_1}{I_2}\right|_{V_2=0}, \qquad D = \left.\frac{I_1}{I_2}\right|_{V_2=0} \tag{6.4.3}$$

と書けるので,A は**電圧の伝達比(利得)**,D は**電流の伝達比(利得)**,B は**短絡伝達インピーダンス**,C は**開放伝達アドミタンス**である.

例題 6.4.1 図 6.3.1 に示した回路の 4 端子定数を求めよ.

解 図 6.3.1 の回路を端子対 2-2' が開放された回路 ($I_2 = 0$) と見ると,

$$V_1 = \left(R + \frac{1}{j\omega c}\right)I_1, \qquad V_2 = \frac{1}{j\omega c}I_1 \tag{6.4.4}$$

となり,これから

$$A = 1 + j\omega cR, \qquad C = j\omega c \tag{6.4.5}$$

が得られる.次に,図 6.3.2 ($V_2 = 0$) から

$$V_1 = RI_1, \qquad I_2 = I_1 \tag{6.4.6}$$

であり,これから次の式が得られる.

$$B = R, \qquad D = 1 \tag{6.4.7}$$

例題 6.4.2 図 6.4.2 に示す回路の 4 端子定数を求めよ.

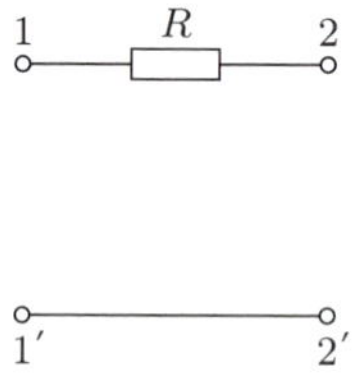

図 6.4.2

解 図 6.4.2 の回路を端子対 2-2' が開放された回路 ($I_2 = 0$) と見ると,

$$V_1 = V_2, \qquad I_1 = 0 \tag{6.4.8}$$

となり，これから

$$A = 1, \quad C = 0 \tag{6.4.9}$$

が得られる．次に，端子対 2-2' を短絡する ($V_2 = 0$) と

$$V = RI_1, \quad I_2 = I_1 \tag{6.4.10}$$

であり，これから次の式が得られる．

$$B = R, \quad D = 1 \tag{6.4.11}$$

例題 6.4.3 図 6.4.3 に示す回路の 4 端子定数を求めよ．

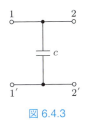

図 6.4.3

解 図 6.4.3 の回路を端子対 2-2' が開放された回路 ($I_2 = 0$) と見ると，

$$V_1 = V_2, \quad I_1 = j\omega c V_1 = j\omega c V_2 \tag{6.4.12}$$

となり，これから

$$A = 1, \quad C = j\omega c \tag{6.4.13}$$

が得られる．次に，端子対 2-2' を短絡する ($V_2 = 0$) と

$$V_1 = 0, \quad I_2 = I_1 \tag{6.4.14}$$

であり，これから次の式が得られる．

$$B = 0, \quad D = 1 \tag{6.4.15}$$

▶ **縦続接続**：図 6.4.4 に示すように，一つの 2 端子対回路の出力側をもう一つの 2 端子対回路の入力側に接続するような回路の接続法を，**縦続接続**という．縦続接続によ

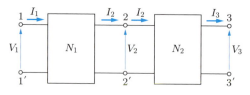

図 6.4.4　2 端子対回路の縦続接続

り，簡単な回路から順次複雑な回路を構成するという回路設計法は，非常によく用いられる．

二つの 2 端子対回路の縦続接続により，端子対 1-1' と端子対 3-3' をもつ 2 端子対回路が得られる．この合成 2 端子対回路の 4 端子行列を求めてみよう．N_1 に対しては

$$\begin{bmatrix} V_1 \\ I_1 \end{bmatrix} = \begin{bmatrix} A_1 & B_1 \\ C_1 & D_1 \end{bmatrix} \begin{bmatrix} V_2 \\ I_2 \end{bmatrix} \tag{6.4.16}$$

であり，N_2 に対しては

$$\begin{bmatrix} V_2 \\ I_2 \end{bmatrix} = \begin{bmatrix} A_2 & B_2 \\ C_2 & D_2 \end{bmatrix} \begin{bmatrix} V_3 \\ I_3 \end{bmatrix} \tag{6.4.17}$$

とすると，これらの式から

$$\begin{bmatrix} V_1 \\ I_1 \end{bmatrix} = \begin{bmatrix} A_1 & B_1 \\ C_1 & D_1 \end{bmatrix} \begin{bmatrix} A_2 & B_2 \\ C_2 & D_2 \end{bmatrix} \begin{bmatrix} V_3 \\ I_3 \end{bmatrix} \tag{6.4.18}$$

が得られる．したがって，合成 2 端子対回路の 4 端子行列は

$$\begin{bmatrix} A & B \\ C & D \end{bmatrix} = \begin{bmatrix} A_1 & B_1 \\ C_1 & D_1 \end{bmatrix} \begin{bmatrix} A_2 & B_2 \\ C_2 & D_2 \end{bmatrix}$$
$$= \begin{bmatrix} A_1 A_2 + B_1 C_2 & A_1 B_2 + B_1 D_2 \\ C_1 A_2 + D_1 C_2 & C_1 B_2 + D_1 D_2 \end{bmatrix} \tag{6.4.19}$$

となる．

例題 6.4.4　図 6.4.5 に示す回路の 4 端子行列を求めよ．

解　図 6.4.5 の回路は，図 6.3.1 の回路と図 6.4.2 の回路の縦続接続として得られるので，式 (6.4.5), (6.4.7), (6.4.9), (6.4.11), (6.4.19) から

$$\begin{bmatrix} 1 + j\omega cR & R \\ j\omega c & 1 \end{bmatrix} \begin{bmatrix} 1 & R \\ 0 & 1 \end{bmatrix} = \begin{bmatrix} 1 + j\omega cR & (2 + j\omega cR)R \\ j\omega c & 1 + j\omega cR \end{bmatrix} \tag{6.4.20}$$

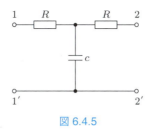

図 6.4.5

が得られる．(**注**：図 6.3.1 の回路は，図 6.4.2 の回路と図 6.4.3 の回路の縦続接続により得られる．式 (6.4.5), (6.4.7) は式 (6.4.9), (6.4.11), (6.4.13), (6.4.15), (6.4.19) からも得られることを確かめよ．)

6.5 章末例題

例題 6.5.1 図 6.5.1 のような電圧制御電流源（制御電圧 V_1 により電流 GV_1 が発生する）を含む回路のアドミタンス行列を求めよ．

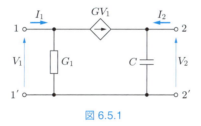

図 6.5.1

解 端子対 1-1' に電流源 I_1，端子対 2-2' に電流源 I_2 を接続し，節点方程式を求めると，端子 1 においては流入電流が I_1，流出電流が G_1V_1 と GV_1 であるから，

$$G_1V_1 + GV_1 = I_1 \tag{6.5.1}$$

が得られる．同様にして，端子 2 においては

$$j\omega C V_2 = I_2 + GV_1 \tag{6.5.2}$$

が得られる．整理して行列表示すると

$$\begin{bmatrix} G_1 + G & 0 \\ -G & j\omega C \end{bmatrix} \begin{bmatrix} V_1 \\ V_2 \end{bmatrix} = \begin{bmatrix} I_1 \\ I_2 \end{bmatrix} \tag{6.5.3}$$

となるから，左辺の係数行列がアドミタンス行列である．

例題 6.5.2 図 6.5.2 のような電流制御電圧源（制御電流 I_1 により電圧 RI_1 が発生する）を含む回路のインピーダンス行列を求めよ．

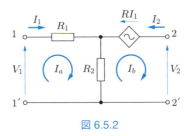

図 6.5.2

解 端子対 1-1' に電圧源 V_1，端子対 2-2' に電圧源 V_2 を接続し，網目方程式を求める．網目電流を I_a, I_b とすると，右側の網目に含まれる電圧源は RI_1 と V_2 であり，

$$(R_1 + R_2)I_a - R_2 I_b = V_1 \tag{6.5.4}$$

$$-R_2 I_a + R_2 I_b = -RI_1 - V_2 \tag{6.5.5}$$

が得られる．これらに $I_a = I_1$, $I_b = -I_2$ を代入して整理し，行列表示すると

$$\begin{bmatrix} R_1 + R_2 & R_2 \\ R_2 - R & R_2 \end{bmatrix} \begin{bmatrix} I_1 \\ I_2 \end{bmatrix} = \begin{bmatrix} V_1 \\ V_2 \end{bmatrix} \tag{6.5.6}$$

となるから，左辺の係数行列がインピーダンス行列である．

例題 6.5.3 図 6.5.3〜図 6.5.6 に示す制御電源の 4 端子定数を求めよ．

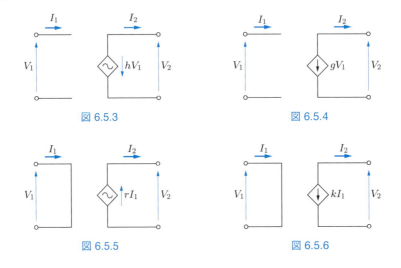

図 6.5.3

図 6.5.4

図 6.5.5

図 6.5.6

解 図 6.5.3 は電圧制御電圧源である．$V_2 = hV_1$，$I_1 = 0$ から，次のようになる．

$$A = \frac{1}{h}, \qquad B = C = D = 0 \tag{6.5.7}$$

図 6.5.4 は電圧制御電流源である．$I_2 = -gV_1$，$I_1 = 0$ から，次のようになる．

$$A = 0, \qquad B = -\frac{1}{g}, \qquad C = D = 0 \tag{6.5.8}$$

図 6.5.5 は電流制御電圧源である．$V_2 = rI_1$，$V_1 = 0$ から，次のようになる．

$$A = B = 0, \qquad C = \frac{1}{r}, \qquad D = 0 \tag{6.5.9}$$

図 6.5.6 は電流制御電流源である．$I_2 = -kI_1$，$V_1 = 0$ から，次のようになる．

$$A = B = C = 0, \qquad D = -\frac{1}{k} \tag{6.5.10}$$

例題 6.5.4 図 6.5.7 に示す 2 端子対回路の 4 端子行列を求めよ．また，端子対 1-1$'$ に電圧源 V_1，端子対 2-2$'$ にインダクタ L を接続したとき，L に流れる電流を求めよ．

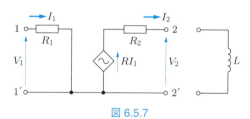

図 6.5.7

解 抵抗 R_1 と抵抗 R_2 を 2 端子対回路と見ると，それらの 4 端子行列は，それぞれ

$$\begin{bmatrix} 1 & R_1 \\ 0 & 1 \end{bmatrix}, \qquad \begin{bmatrix} 1 & R_2 \\ 0 & 1 \end{bmatrix} \tag{6.5.11}$$

である．抵抗 R_1 からなる 2 端子対回路に，電流制御電圧源が縦続接続され，さらに抵抗 R_2 からなる 2 端子対回路が縦続接続されているので，求める 4 端子行列は

$$\begin{bmatrix} 1 & R_1 \\ 0 & 1 \end{bmatrix} \begin{bmatrix} 0 & 0 \\ G & 0 \end{bmatrix} \begin{bmatrix} 1 & R_2 \\ 0 & 1 \end{bmatrix} = \begin{bmatrix} R_1 G & 0 \\ G & 0 \end{bmatrix} \begin{bmatrix} 1 & R_2 \\ 0 & 1 \end{bmatrix}$$

$$= \begin{bmatrix} R_1 G & R_1 R_2 G \\ G & R_2 G \end{bmatrix} \quad \left(\text{ただし，} G = \frac{1}{R}\right) \tag{6.5.12}$$

となる．インダクタ L に対しては $V_2 = j\omega L I_2$ であるから，この式と式 (6.4.1), (6.5.12)

から I_2 を求めれば，次式のようになる．

$$I_2 = \frac{V_1}{j\omega LA + B} = \frac{V_1}{R_1 G(R_2 + j\omega L)} \tag{6.5.13}$$

演習問題

6.1 問図 6.1 に示す回路のアドミタンス行列，インピーダンス行列，ハイブリッド行列，4 端子行列を求めよ．

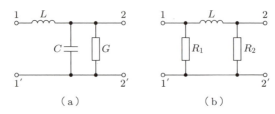

問図 6.1

6.2 問図 6.2 に示す回路はいくつかの 2 端子対回路の縦続接続であると見て，その 4 端子行列を求めよ．

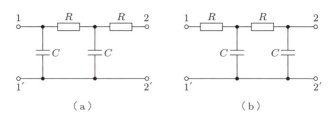

問図 6.2

6.3 問図 6.3 に示す回路のテブナン等価回路とノートン等価回路を求めよ．

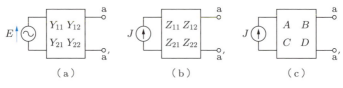

問図 6.3

6.4 問図 6.4 に示す回路のアドミタンス行列，インピーダンス行列，ハイブリッド行列，4 端子行列を求めよ．$G_1 = G_2$ なら 4 端子行列は存在するか．

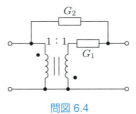

問図 6.4

7章 回路の周波数特性

これまでは，抵抗値，キャパシタンス，インダクタンスなどの素子値，および周波数（あるいは角周波数）を定数，電圧・電流を変数として，電圧・電流に対する連立方程式を立て，それを解いて電圧・電流を求めてきた．しかし，回路の解析や設計においては，キャパシタンス，インダクタンスなどの素子値や周波数に，電圧・電流がどのように依存するかを知りたい場合が多い．このような場合，素子値や周波数をパラメータとして変化させ，電圧・電流がどのように変わるかを調べることになる．とくに，周波数を変化させたときの電圧・電流がどのようになるかは，**周波数特性**といわれ，回路の周波数特性を取り扱う周波数解析は，回路理論の重要な分野の一つである．この章では，回路の周波数特性に関する簡単な解説をする．

7.1 ひずみ波

家庭に供給されているいわゆる電気（電圧・電流）はほぼ正弦波形をもち，その周波数は 50 Hz（東日本）か 60 Hz（西日本）に固定されている．しかし，電気機器の内部では，電圧・電流が正弦波でない周期的な波，すなわち**ひずみ波**となっていることも多い．また，さまざまな情報を表す電圧・電流，すなわち電気的信号は振動的である（たとえば，音声からマイクロフォンによって電圧に変換された電気的信号）ことが多いが，正弦波ではない．このようなひずみ波あるいは振動的信号は，正弦波の重ね合わせとして表現されるが，こうすることによって，複素数領域における電圧・電流を周波数解析に使用できることになる．波形を構成するある一つの周波数の正弦波を，その波形の**周波数成分**という．

▶ **ひずみ波のフーリエ級数展開**：周期的な波形（時間領域における電圧・電流）がフーリエ級数に展開できることはよく知られている．いま，$h(t)$ が時間 t の周期的な関数であるとすると，あらゆる t について

▶ 7.1 ひずみ波　**161**

$$h(t+T) = h(t) \tag{7.1.1}$$

である．ここに T は**周期**であり，周波数を f とすると $T = 1/f$ である．関数 $h(t)$ のフーリエ級数展開は

$$h(t) = a_0 + \sum_{n=1}^{\infty}(a_n \cos n\omega t + b_n \sin n\omega t) \tag{7.1.2}$$

$$\omega = \frac{2\pi}{T} = 2\pi f \tag{7.1.3}$$

となり，そのフーリエ係数は

$$a_0 = \frac{1}{T}\int_{-\frac{T}{2}}^{\frac{T}{2}} h(t)\mathrm{d}t \tag{7.1.4}$$

$$\left. \begin{array}{l} a_n = \dfrac{2}{T}\displaystyle\int_{-\frac{T}{2}}^{\frac{T}{2}} h(t)\cos n\omega t\, \mathrm{d}t \\[1em] b_n = \dfrac{2}{T}\displaystyle\int_{-\frac{T}{2}}^{\frac{T}{2}} h(t)\sin n\omega t\, \mathrm{d}t \end{array} \right\} \quad (n = 1, 2, \cdots) \tag{7.1.5}$$

で与えられる．式 (7.1.2) において，a_0 は**直流分**，$n=1$ の場合の $a_1\cos\omega t + b_1\sin\omega t$ は**基本波**，また，$a_n\cos n\omega t + b_n \sin n\omega t$ $(n \geqq 2)$ は**第 n 高調波**とよばれる．このような直流分，基本波，高調波といった周波数成分が，波形 $h(t)$ を構成していることになる．

関数 $h(t)$ は**複素フーリエ級数**にも展開でき，

$$h(t) = \sum_{n=-\infty}^{\infty} c_n \mathrm{e}^{jn\omega t} \tag{7.1.6}$$

$$c_n = \frac{1}{T}\int_{-\frac{T}{2}}^{\frac{T}{2}} h(t)\mathrm{e}^{-jn\omega t}\mathrm{d}t \tag{7.1.7}$$

である．時間関数 $h(t)$ は実数であるから，$\overline{}$ で複素共役数を表せば

$$c_{-n} = \frac{1}{T}\int_{-\frac{T}{2}}^{\frac{T}{2}} h(t)\mathrm{e}^{jn\omega t}\mathrm{d}t = \frac{1}{T}\int_{-\frac{T}{2}}^{\frac{T}{2}} h(t)\overline{\mathrm{e}^{-jn\omega t}}\mathrm{d}t = \overline{c_n} \tag{7.1.8}$$

となるが，オイラーの公式

$$\mathrm{e}^{jn\omega t} = \cos n\omega t + j\sin n\omega t \tag{7.1.9}$$

を用いると，

$$a_n = c_n + c_{-n}, \qquad b_n = j(c_n - c_{-n}) \tag{7.1.10}$$

が得られる．第 n 高調波の振幅は次式で与えられる．

$$\sqrt{a_n^2 + b_n^2} = 2\sqrt{c_n c_{-n}} = 2\sqrt{c_n \overline{c_n}} = 2|c_n| \tag{7.1.11}$$

▶ **対称波形のフーリエ係数**：関数 $h(t)$ が縦軸に関して対称 $(h(-t) = h(t))$ であれば，

$$b_n = 0 \quad (n = 1, 2, \cdots) \tag{7.1.12}$$

である．また，原点に関して対称 $(h(-t) = -h(t))$ であれば，

$$a_n = 0 \quad (n = 0, 1, 2, \cdots) \tag{7.1.13}$$

となる．

▶ **不連続点**：時間関数 $h(t)$ が $t = a$ で不連続であれば，フーリエ級数は $t = a$ における値として，

$$\frac{1}{2}\{h(a - \varepsilon) + h(a + \varepsilon)\} \quad (\varepsilon \to 0) \tag{7.1.14}$$

を与える．

例題 7.1.1 図 7.1.1 に示す方形波のフーリエ係数を求めよ．

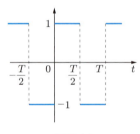

図 7.1.1

解 波形は原点に関して対称であることに注意して，次の結果を得る．

$$a_n = 0 \quad (n = 0, 1, 2, \cdots) \tag{7.1.15}$$

$$\begin{aligned} b_n &= \frac{2}{T}\left\{\int_{-\frac{T}{2}}^{0}(-\sin n\omega t)\mathrm{d}t + \int_{0}^{\frac{T}{2}}\sin n\omega t\,\mathrm{d}t\right\} \\ &= \begin{cases} \dfrac{4}{n\pi} & (n = 1, 3, 5, \cdots) \\ 0 & (n = 2, 4, 6, \cdots) \end{cases} \end{aligned} \tag{7.1.16}$$

▶ **実効値**：電力の計算には実効値を用いるのが便利である．ひずみ波については，

▶ 7.1 ひずみ波 **163**

$$\text{実効値} = \sqrt{\frac{1}{T}\int_0^T \{h(t)\}^2 \mathrm{d}t} \tag{7.1.17}$$

と定義されるが，3.8 節と同様の計算から次の結果が得られる．

$$\text{実効値} = \sqrt{a_0{}^2 + \sum_{n=1}^{\infty} \frac{1}{2}(a_n{}^2 + b_n{}^2)}$$

$$= \sqrt{(\text{直流分})^2 + \sum_{n=1}^{\infty} (\text{第 } n \text{ 高調波の実効値})^2} \tag{7.1.18}$$

▶ **ひずみ波のフーリエ係数**：回路解析によく現れるひずみ波のフーリエ係数を**表 7.1.1**

表 7.1.1　フーリエ係数（示されていない係数は 0）

波形	図	係数
方形波	(図: 振幅 1 の方形波, 周期 T)	$c_n = \dfrac{2}{j\pi n}$ $(n = \pm 1, \pm 3, \cdots)$ $b_n = \dfrac{4}{\pi n}$ $(n = 1, 3, \cdots)$
全波整流波	(図: 全波整流波, 周期 T)	$c_n = \dfrac{2}{\pi(1-4n^2)}$ $(n = 0, \pm 1, \pm 2, \cdots)$ $a_0 = \dfrac{2}{\pi}$ $a_n = 2c_n$ $(n = 1, 2, \cdots)$
半波整流波	(図: 半波整流波, 周期 T)	$c_0 = \dfrac{1}{\pi}$, $c_1 = -\dfrac{j}{4}$, $c_{-1} = \dfrac{j}{4}$ $c_n = \dfrac{1}{\pi(1-n^2)}$ $(n = \pm 2, \pm 4, \cdots)$ $a_0 = \dfrac{1}{\pi}$, $b_1 = \dfrac{1}{2}$ $a_n = 2c_n$ $(n = 2, 4, \cdots)$
のこぎり波	(図: のこぎり波, 周期 T)	$c_n = \dfrac{j(-1)^n}{\pi n}$ $(n = \pm 1, \pm 2, \cdots)$ $b_n = \dfrac{2(-1)^{n+1}}{\pi n}$ $(n = 1, 2, \cdots)$
三角波	(図: 三角波, 周期 T)	$c_n = \dfrac{j4(-1)^{(n+1)/2}}{\pi^2 n^2}$ $(n = \pm 1, \pm 3, \cdots)$ $b_n = \dfrac{8(-1)^{(n-1)/2}}{\pi^2 n^2}$ $(n = 1, 3, \cdots)$

に示す．

7.2 フィルタ

振動的な信号（電圧あるいは電流）が2端子対回路の入力側端子対に加えられたとき，出力側端子対に現れる出力信号の周波数成分は，入力信号のそれとは異なってくる．入力信号のある特定の周波数範囲にある周波数成分のみが出力側に現れるように，あるいは逆に現れないように設計した回路を**フィルタ**という．このフィルタは雑音除去などにも用いられる．入力信号のもつ周波数成分のうち，低い周波数範囲にある周波数成分のみが出力側に現れるようにしたフィルタは**低域フィルタ**，高い周波数範囲にある周波数成分のみが出力側に現れるようにしたフィルタは**高域フィルタ**である．低域フィルタの基本回路を図 7.2.1 に，高域フィルタの基本回路を図 7.2.2 に示す．

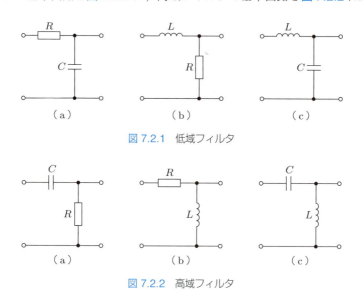

図 7.2.1　低域フィルタ

図 7.2.2　高域フィルタ

例題 7.2.1　図 7.2.1(b)，図 7.2.2(b) に示す回路の入力電圧を V_1，出力端子対を開放したときの出力電圧を V_2 とする．入出力の電圧比 $\alpha = V_2/V_1$ の周波数特性を求め，その概略図を示せ．

解　(1) 図 7.2.1(b) より

$$V_2 = \frac{RV_1}{R + j\omega L} \tag{7.2.1}$$

だから，次のようになる．

$$|\alpha| = \left|\frac{V_2}{V_1}\right| = \frac{R}{\sqrt{R^2 + \omega^2 L^2}} \tag{7.2.2}$$

$$\angle\alpha = \angle\left(\frac{V_2}{V_1}\right) = \angle R - \angle(R + j\omega L) = -\tan^{-1}\frac{\omega L}{R} \tag{7.2.3}$$

(2) 図 7.2.2(b) より

$$V_2 = \frac{j\omega L V_1}{R + j\omega L} \tag{7.2.4}$$

だから，次のようになる．

$$|\alpha| = \left|\frac{V_2}{V_1}\right| = \frac{\omega L}{\sqrt{R^2 + \omega^2 L^2}} \tag{7.2.5}$$

$$\angle\alpha = \angle\left(\frac{V_2}{V_1}\right) = \angle(j\omega L) - \angle(R + j\omega L) = \frac{\pi}{2} - \tan^{-1}\frac{\omega L}{R} \tag{7.2.6}$$

$|\alpha|$ と $\angle\alpha$ の概略図を図 7.2.3 に示す．A は図 7.2.1 (b)，B は図 7.2.2 (b) に対応する．
（**注**：例題 2.9.6 に求めたものと比較せよ．）

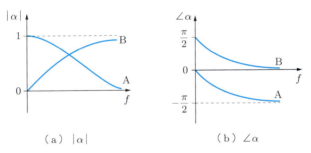

図 7.2.3

　フィルタ回路には，共振回路がしばしば用いられる．図 7.2.4 に示すように，直列共振回路と並列共振回路を接続した回路を考えてみよう．直列共振回路の共振周波数では，直列共振回路が非常に小さいインピーダンスをもつ（短絡回路とみなせる）ので，端子対 1-1' の電圧がほとんどそのまま端子対 2-2' に現れる．また，並列共振回路の共振周波数では，並列共振回路が非常に大きいインピーダンスをもつ（開放回路とみなせる）ので，やはり端子対 1-1' の電圧が，ほとんどそのまま端子対 2-2' に現れる．それ以外の周波数では，端子対 1-1' の電圧が，それぞれの共振回路の複素インピーダンスに比例して分割され，並列共振回路の電圧が端子対 2-2' に現れることになる．

　上記のように，共振回路のインピーダンスが共振周波数できわめて小さくなる，あるいはきわめて大きくなることに基づいて，フィルタ回路の周波数特性の概略を求めたり，回路設計をすることができる．

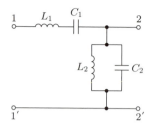

図 7.2.4 共振回路を用いたフィルタ

7.3 章末例題

例題 7.3.1 図 7.3.1 の回路における電圧源の電圧 e が, 図 7.1.1 に示したような方形波であるとき, 抵抗 R に流れる電流 i_R を求めよ.

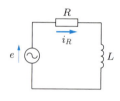

図 7.3.1

解 電圧 e をフーリエ級数に展開し, 重ね合わせの理を用いる. 正弦波電圧 $b_n \sin n\omega t$ の複素数表示を B_n とすると, B_n による抵抗 R の電流 I_n は, R と L の直列接続の複素インピーダンスが $R + jn\omega L$ であるから,

$$I_n = \frac{B_n}{R + jn\omega L} = \frac{(R - jn\omega L)B_n}{R^2 + n^2\omega^2 L^2} \tag{7.3.1}$$

となる. これを時間関数にもどすと,

$$i_n = \frac{b_n}{R^2 + n^2\omega^2 L^2}(R \sin n\omega t - n\omega L \cos n\omega t) \tag{7.3.2}$$

となる. 時間領域において重ね合わせると,

$$i_R = i_1 + i_3 + i_5 + \cdots \tag{7.3.3}$$

となる. b_n は式 (7.1.16) で与えられる.

例題 7.3.2 図 7.3.2 の回路において，電圧源の電圧 e は，図 7.1.1 に示すような方形波である．電圧 v の第 3 高調波の振幅が，基本波の振幅の 1/6 になるようにしたい．ωCR の満たすべき条件を求めよ．

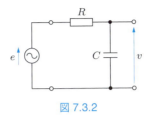

図 7.3.2

解 基本波に対しては，電圧 v の複素数表示を V とすると

$$V = \frac{b_1}{\sqrt{2}} \frac{1}{R + \dfrac{1}{j\omega C}} \frac{1}{j\omega C} = \frac{b_1}{\sqrt{2}} \frac{1}{1 + j\omega CR} \tag{7.3.4}$$

であるから，電圧 v の基本波の振幅は

$$\frac{b_1}{\sqrt{1 + (\omega CR)^2}} \tag{7.3.5}$$

となる．同様に，電圧 v の第 3 高調波の振幅は

$$\frac{b_3}{\sqrt{1 + (3\omega CR)^2}} \tag{7.3.6}$$

となる．式 (7.1.16) と式 (7.3.5)，(7.3.6) および問題の条件から

$$\omega CR = \sqrt{\frac{3}{5}} \tag{7.3.7}$$

が得られる．

演習問題

7.1 表 7.1.1 中に示したのこぎり波のフーリエ係数を計算せよ．

7.2 問図 7.1 に示す 2 端子対回路の入出力比 $\alpha = V_2/V_1$ の周波数特性を示し，比較検討せよ．ただし，端子対 2-2' は開放されているものとする．

7.3 問図 7.1 (b) に示す回路の端子対 1-1' に，のこぎり波電圧が加えられたとき，端子対 2-2' にどのような電圧が現れるか．ただし，端子対 2-2' は開放されているものとし，$LC = (T/2\pi)^2$ であるとする．

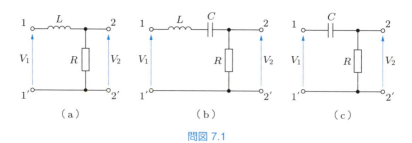

問図 7.1

8章
回路の過渡現象と過渡解析

回路に含まれるスイッチを開閉したり，回路の電圧や電流を急激に変化させたりすると起こる**過渡現象**が，どのようなものであるかを求めるのが**過渡解析**である．コンピュータなどで用いられる信号波形は過渡現象として解析される．この章では，過渡解析の際に注意しなければならないこと，および解析の手法について解説する．取り扱う回路はRLC 回路とする．

8.1　過渡現象に関する基礎的なことがら

　回路に含まれるスイッチを開閉すると，素子の接続状態が変わり，接続状態から得られる KVL 方程式と KCL 方程式が変わる．素子の電圧・電流特性を与える式は変わらない（接続の状態によっては KVL 方程式，KCL 方程式に関係しなくなる素子も現れる）が，これらの方程式を解いて得られる回路内の電圧や電流は，正弦波形をもつとは限らない．また，7 章で出てきた方形波など，急激な変化部分を含む波形をもつ励振電圧あるいは電流が回路に加えられた場合，回路内の電圧や電流は一般に正弦波形をもつものではなく，このような場合の回路内の電圧・電流は，過渡現象として求めることになる．この節では，過渡解析の際に注意しなければならないことがらをまず説明する．

▶ **スイッチを含む回路**： 過渡解析においては，通常，スイッチの開閉が時刻 $t=0$ に行われるとする．求めようとする過渡現象は，スイッチの開閉後の回路におけるものである．図 8.1.1 はスイッチを含む回路の簡単な例であるが，図 8.1.1(a) は時刻 $t=0$ 以前の回路の状態を示し，図 8.1.1(b) は時刻 $t=0$ 以後の回路の状態を示す．ここでは図 8.1.1(b) のように，$t=0$ 以後の回路を示したが，普通は時刻 $t=0$ 以後の回路の状態が示されないので，注意が必要である．

　求めようとしているのは，$t=0$ 以後の回路の電圧や電流であるから，図 8.1.1(b)

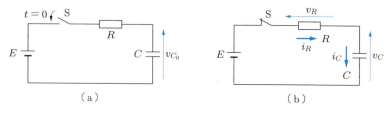

図 8.1.1　回路例

の回路に対する KVL 方程式と KCL 方程式を用いる．抵抗 R の電圧，電流をそれぞれ v_R, i_R，キャパシタ C の電圧，電流をそれぞれ v_C, i_C とすると，KVL 方程式は

$$v_R + v_C = E \tag{8.1.1}$$

であり，KCL 方程式は

$$i_R = i_C \tag{8.1.2}$$

である．また，素子の電圧・電流特性は

$$v_R = Ri_R, \qquad i_C = C\frac{dv_C}{dt} \tag{8.1.3}$$

である．これらの式から v_C に関する微分方程式を導く．

$$v_R + v_C = Ri_R + v_C = Ri_C + v_C \tag{8.1.4}$$

であるから，

$$RC\frac{dv_C}{dt} + v_C = E \tag{8.1.5}$$

が得られる．上式の特別解は $v_C = E$ である．一般解を求めるために $v_C = Ae^{at}$ として，式 (8.1.5) の左辺 $= 0$ という式に代入し，

$$(RCa + 1)Ae^{at} = 0 \tag{8.1.6}$$

から $a = -1/RC$ を得る．したがって，一般解は

$$v_C = E + Ae^{-\frac{t}{RC}} \tag{8.1.7}$$

となる．任意定数 A は，v_C の $t = 0$ における値，すなわち**初期値**から決めることができる．v_C の初期値を v_{C_0} とすれば，$v_{C_0} = E + A$ から

$$v_C = E + (v_{C_0} - E)e^{-\frac{t}{RC}} \quad (t > 0) \tag{8.1.8}$$

が得られる．さらに，式 (8.1.1), (8.1.8) から v_R を求める．v_C と v_R の概略図を描けば図 8.1.2 のようになる．

▶ **初期値**：さて，$t = 0$ における電圧・電流の値，すなわち初期値は，どのように決

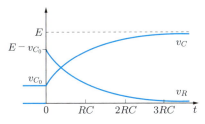

図 8.1.2 キャパシタ電圧と抵抗電圧

められるのであろうか．図 8.1.1 の回路の場合，$t=0$ の直前におけるキャパシタ電圧をそのまま初期値とした．つまり，図 8.1.1(a) の回路からキャパシタ電圧の初期値を求めた．このように，キャパシタの電圧が $t=0$ の前後で連続であるための十分条件は，次のようになる．

> **キャパシタ電圧連続の条件**
>
> 注目するキャパシタが，$t=0$ より後の回路において，キャパシタだけ，あるいはキャパシタと電圧源だけで構成される閉路に含まれない．

キャパシタに抵抗やインダクタが接続されていれば，キャパシタから流れ出る電流は有限の値に制限され，キャパシタの電荷は急変しない．したがって，キャパシタ電圧は連続となる．上の条件が満たされない場合，たとえば図 8.1.3(a)，(b) のような回路では，キャパシタ電圧が $t=0$ の前後で不連続である（ジャンプする）．配線等にある微小な抵抗を含めた図 8.1.3(c) の回路において，抵抗を限りなく 0 に近づけた場合が図 8.1.3(b) の回路であるとみれば，キャパシタ電圧の連続・不連続の意味を理解できるだろう．

双対的に，インダクタ電流が $t=0$ の前後で連続であるための十分条件は，次のようになる．

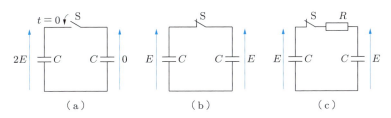

図 8.1.3 不連続なキャパシタ電圧

> **インダクタ電流連続の条件**
> 　注目するインダクタが $t = 0$ より後の回路において，インダクタだけ，あるいはインダクタと電流源だけで構成されるカットセットに含まれない．

　上の条件の適用に関しては，一つの節点に接続される素子がカットセットを構成することに注意しよう．

　キャパシタ電流，インダクタ電圧，抵抗の電圧および抵抗の電流の値は，$t = 0$ の前後で連続であるとは限らず，不連続なことがありえる．図 8.1.1(a) の回路では，抵抗 R に電流が流れていないので，$t = 0$ の直前は $i_R = 0$，$v_R = 0$ である．ところが，図 8.1.2 からもわかるように，$t = 0$ の直後の v_R は 0 ではなく，v_R は $t = 0$ でジャンプしている．この場合，抵抗の電圧の初期値は，式 (8.1.1) と v_{C_0} とから決めなければならない．

▶ **時刻 $t = 0$ の前後**：上記のように，素子の電圧あるいは電流は，$t = 0$ の前後で不連続になる場合があるので，$t = 0$ の前後を区別するため，$t = 0$ の直前，直後をそれぞれ，$t = -0$，$t = +0$ と記すことにする．すると，たとえば $v(-0)$，$v(+0)$ は，それぞれ $v(t)$ の $t = -0$，$t = +0$ における値を示すことになる．$t \geqq +0$ と $t > 0$ は，同じことを表す．

▶ **微分方程式の立て方**：過渡解析で求めようとしているのは，$t = 0$ 以後の回路の電圧や電流であるから，$t = 0$ 以後の回路に対する KVL 方程式，KCL 方程式，素子の電圧・電流特性から回路に対する微分方程式を導く．得られた微分方程式を解くときに用いる初期値は，$t = +0$ におけるものである．

　KVL 方程式，KCL 方程式は微分（導関数）を含まない．素子の電圧・電流特性のうち微分を含むのは，キャパシタ電圧とインダクタ電流についての式であり，かつ，キャパシタの電圧あるいはインダクタの電流は，上に述べたように，特殊な場合を除いて，$t = 0$ の前後で連続であるから，キャパシタの電圧あるいはインダクタの電流は，消去せずに微分方程式に残すのがよい．このようにすれば，微分方程式を解くのに必要な初期値は，$t = -0$ における回路から簡単に求められる．

　なお，$t = +0$ に対する回路においてキャパシタだけ，あるいはキャパシタと電圧源だけで構成される閉路がある場合や，インダクタだけ，あるいはインダクタと電流源だけで構成されるカットセットがある場合は，その閉路あるいはカットセットを取り出し，$t = -0$ の回路からキャパシタの電圧，あるいはインダクタ電流の $t = +0$ における初期値を算出する（詳細については小澤著「電気回路 II」（昭晃堂・朝倉書店）を参照）ことになる．

8.2 ラプラス変換

　初期値を考慮に入れなければならない過渡解析にきわめて有力な手法は，ラプラス変換法である．ラプラス変換法を用いると，解析に必要な方程式に初期値が自動的に組み込まれ，かつ，得られた方程式は，正弦波定常解析の複素数領域における方程式と非常によく似たものとなる．したがって，正弦波定常解析に用いた手法も，ほぼそのまま用いることができる．

　この節では，ラプラス変換および過渡現象を表すために用いられるステップ関数，インパルス関数などの特殊な関数について解説する．

▶ **ラプラス変換の定義**：ラプラス変換は，時刻 t の関数 $f(t)$ から，次の式 (8.2.1) に示す定積分によって，複素数の変数 s の関数 $F(s)$ を得る操作である．得られた関数が，$f(t)$ からラプラス変換により得られたものであることを示すために，これを $\mathcal{L}\{f(t)\}$ とも記す．すなわち，ラプラス変換は

$$F(s) = \int_0^\infty f(t)\mathrm{e}^{-st}\mathrm{d}t \equiv \mathcal{L}\{f(t)\} \tag{8.2.1}$$

と定義される．変換によって得られた関数を **s 領域における関数**，あるいは単に **s 関数**とよび，これに対してもとの関数を **t 領域（時間領域）における関数**，あるいは **t 関数（時間関数）**ということがある．対応する t 関数と s 関数を**ラプラス変換対**という．

　式 (8.2.1) の積分からわかるように，時間関数 $f(t)$ の $t<0$ における値は $F(s)$ に関係しない．しかし，$F(s)$ から $f(t)$ を求めたときの $t<0$ における $f(t)$ の一義性を確保するため，ラプラス変換を適用するどのような関数 $f(t)$ についても，$t<0$ においては，$f(t)=0$ であると定義する．このように定義しても支障がないのは，過渡解析は，$t \geq +0$ における回路と $t=+0$ における初期値を用いて行われるからである．

　回路の過渡解析にラプラス変換を用いる場合，式 (8.2.1) の定積分の下限 $t=0$ は，$t=+0$ のことであると解釈する．これは，初期値として $t=+0$ における変数の値を用いるのと同じ理由からである．

▶ **ステップ関数**：一般に，関数 $f(t)$ を時間軸に沿って時間 a だけ移動すると，$f(t-a)$ となる．過渡解析では，このような関数の時間軸に沿う移動がしばしば行われる．このため，以下の関数の定義も時間軸に沿って移動した形で行うことにする．

　単位ステップ関数 $u(t-a)$ は

$$u(t-a) = \begin{cases} 0 & (t<a \text{ のとき}) \\ 1 & (t>a \text{ のとき}) \end{cases} \tag{8.2.2}$$

と定義され，図 8.2.1 に示すような関数である．ステップ（階段）の大きさは，単位

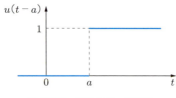

図 8.2.1　単位ステップ関数

ステップ関数につく係数によって表される．

例題 8.2.1　図 8.2.2 に示す関数をステップ関数を用いて表せ．

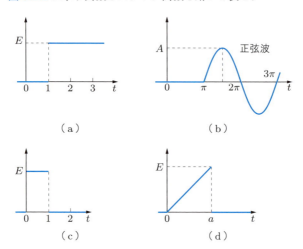

図 8.2.2

解　(a) $Eu(t-1)$ (8.2.3)

(b) $A\sin(t-\pi)\,u(t-\pi)$ (8.2.4)

(c) $E\{u(t) - u(t-1)\}$ (8.2.5)

(d) $\dfrac{Et}{a}\{u(t) - u(t-a)\}$ (8.2.6)

▶ **インパルス関数**：単位インパルス関数は**デルタ関数**ともよばれ，

$$\left.\begin{array}{l} \delta(t-a) = 0 \quad (t \neq a \text{ のとき}) \\ \displaystyle\int_{a-\varepsilon}^{a+\varepsilon} \delta(t-a)\mathrm{d}t = 1 \quad (\varepsilon \to 0) \end{array}\right\} \quad (8.2.7)$$

と定義される．この関数は，図 8.2.3 に示すような面積が 1 である長方形によって近似できる．面積が 1 のまま，長方形の底辺が 0 に限りなく近づくと，式 (8.2.7) が満たされることが見てとれるだろう．この近似からもわかるように，インパルス関数は一瞬無限大の値をとる関数なので，図 8.2.4 のような矢印で示される．矢印の高さは，インパルス関数を式 (8.2.7) のように積分した値（長方形近似では長方形の面積）とする．つまり，$k\delta(t-a)$ を示す矢印の高さは k となる．

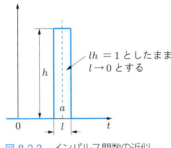
図 8.2.3　インパルス関数の近似

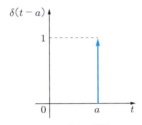
図 8.2.4　インパルス関数 $\delta(t-a)$

▶ **変換対**：いくつかの変換対を求めてみよう．

(1) $f(t) = u(t-a) \quad (a>0)$

$$\mathcal{L}\{u(t-a)\} = \int_0^\infty u(t-a)\mathrm{e}^{-st}\mathrm{d}t = \int_a^\infty \mathrm{e}^{-st}\mathrm{d}t$$
$$= \left[-\frac{\mathrm{e}^{-st}}{s}\right]_a^\infty = \frac{1}{s}\mathrm{e}^{-as} \tag{8.2.8}$$

上の式を求める際，$t\to\infty$ のとき $\mathrm{e}^{-st}\to 0$ と考えている．このことが成り立つためには，s の実部が正でなければならない．つまり，式 (8.2.1) の定積分が収束する s の領域は，その実部が正の範囲である．複素数 s を 2 次元平面で表すと，この収束領域は s の右半平面ということになる．しかし，s 関数は，0 を除くすべての s の値について定義される．なお，式 (8.2.8) において $a\to 0$ とすると，

$$\mathcal{L}\{u(t)\} = \frac{1}{s} \tag{8.2.9}$$

が得られる．

(2) $f(t) = \delta(t-a) \quad (a>0)$

$$\mathcal{L}\{\delta(t-a)\} = \int_0^\infty \delta(t-a)\mathrm{e}^{-st}dt = \mathrm{e}^{-as} \tag{8.2.10}$$

上の式を求めるときには，式 (8.2.7) を用いた．また，$a\to 0$ とすると，

$$\mathcal{L}\{\delta(t)\} = 1 \tag{8.2.11}$$

となる．

(3) $f(t) = t$

$$\mathcal{L}\{t\} = \int_0^\infty t e^{-st} \mathrm{d}t = \left[-\frac{te^{-st}}{s}\right]_0^\infty + \int_0^\infty \frac{e^{-st}}{s} \mathrm{d}t$$

$$= \left[-\frac{e^{-st}}{s^2}\right]_0^\infty = \frac{1}{s^2} \tag{8.2.12}$$

(4) $f(t) = e^{at}$

$$\mathcal{L}\{e^{at}\} = \int_0^\infty e^{at} e^{-st} \mathrm{d}t = \int_0^\infty e^{-(s-a)t} \mathrm{d}t$$

$$= \left[-\frac{e^{-(s-a)t}}{s-a}\right]_0^\infty = \frac{1}{s-a} \tag{8.2.13}$$

定積分が収束する s の領域は，その実部が a より大きい範囲であるが，s 関数は a を除くすべての s の値について定義される．

(5) 回路の過渡現象に現れる主要な関数のラプラス変換対を，表 8.2.1 に示す．

表 8.2.1 ラプラス変換対

$f(t)$	$F(s)$
$\delta(t)$	1
$u(t)$	$\dfrac{1}{s}$
t^n	$\dfrac{n!}{s^{n+1}}$
e^{at}	$\dfrac{1}{s-a}$
$t^n e^{at}$	$\dfrac{n!}{(s-a)^{n+1}}$
$\sin \omega t$	$\dfrac{\omega}{s^2 + \omega^2}$
$\cos \omega t$	$\dfrac{s}{s^2 + \omega^2}$
$e^{at} \sin \omega t$	$\dfrac{\omega}{(s-a)^2 + \omega^2}$
$e^{at} \cos \omega t$	$\dfrac{s-a}{(s-a)^2 + \omega^2}$
$e^{at} \sinh bt$	$\dfrac{b}{(s-a)^2 - b^2}$
$e^{at} \cosh bt$	$\dfrac{s-a}{(s-a)^2 - b^2}$

注：$\sinh x = \dfrac{e^x - e^{-x}}{2}$, $\cosh x = \dfrac{e^x + e^{-x}}{2}$, $\sinh jx = j\sin x$, $\cosh jx = \cos x$

▶ **微分に対するラプラス変換**：部分積分法を用いて，

$$\mathcal{L}\left\{\frac{\mathrm{d}f(t)}{\mathrm{d}t}\right\} = \int_0^\infty \frac{\mathrm{d}f(t)}{\mathrm{d}t}\mathrm{e}^{-st}\mathrm{d}t = \left[f(t)\mathrm{e}^{-st}\right]_0^\infty + s\int_0^\infty f(t)\mathrm{e}^{-st}\mathrm{d}t$$

となる．この式の第 1 項は，$t \to +0$ のとき $f(t) \to f(+0)$ と考えると，$-f(+0)$ となる．ただし，式 (8.2.1) の定積分の下限 $t = 0$ が，$t = +0$ のことであることを明示するため，$f(0)$ を $f(+0)$ と書いた．第 2 項の定積分は $F(s)$ である．したがって，次の結果を得る．

$$\mathcal{L}\left\{\frac{\mathrm{d}f(t)}{\mathrm{d}t}\right\} = sF(s) - f(+0) \tag{8.2.14}$$

次に，$g(t) = \mathrm{d}f(t)/\mathrm{d}t$ とすると，

$$\left.\frac{\mathrm{d}f(t)}{\mathrm{d}t}\right|_{t \to +0} \equiv f^{(1)}(+0) = g(+0)$$

だから，$\mathcal{L}\{g(t)\} = G(s)$ と書くと，

$$\mathcal{L}\left\{\frac{\mathrm{d}^2 f(t)}{\mathrm{d}t^2}\right\} = \mathcal{L}\left\{\frac{\mathrm{d}g(t)}{\mathrm{d}t}\right\} = sG(s) - g(+0)$$
$$= s\{sF(s) - f(+0)\} - g(+0) = s^2 F(s) - sf(+0) - f^{(1)}(+0) \tag{8.2.15}$$

を得る．

▶ **部分分数展開による逆ラプラス変換**：s 関数が有理関数である場合は，部分分数展開によって s 関数から t 関数を求めることができる．$D(s)$，$N(s)$ が s の多項式であり，

$$F(s) = \frac{N(s)}{D(s)} \tag{8.2.16}$$

とする．ただし，$D(s)$ の次数が $N(s)$ の次数より大きいとする．$D(s) = 0$ の解の一つを s_j とし，s_j に対応する $F(s)$ の部分分数を $F_j(s)$ とする．

(1) s_j がただ一つの解のときは

$$F_j(s) = \frac{k_j}{s - s_j} \tag{8.2.17}$$

と書ける．いま，$F(s)$ に $(s - s_j)$ を乗じ，$s = s_j$ とおくと，

$$(s - s_j)F_j(s) = k_j$$

となるが，$(s-s_j)F(s)$ における k_j 以外の項は 0 となり，

$$k_j = [(s-s_j)F(s)]_{s=s_j} \tag{8.2.18}$$

である．$F_j(s)$ に対する t 関数は，式 (8.2.13) から次のように求められる．

$$f_j(t) = k_j \mathrm{e}^{s_j t} u(t) \tag{8.2.19}$$

解 s_j が複素数であるときには，s_j の複素共役解が存在し，これらに対応する時間関数は cos，sin を含むものとなる．この場合，部分分数展開を表 8.2.1 に合わせた形にもってくるのがよいであろう．

例題 8.2.2 次に示す s 関数から t 関数を求めよ．
(1) $F(s) = \dfrac{3(s+3)}{(s+1)(s+4)}$
(2) $F(s) = \dfrac{s^2+10}{s(s^2+4s+5)}$

解 (1) $D(s)=(s+1)(s+4)$ の解は，$s_1=-1$, $s_2=-4$ である．したがって

$$\left.\begin{aligned} k_1 &= \left.\frac{3(s+3)}{s+4}\right|_{s=-1} = \frac{3\cdot 2}{3} = 2 \\ k_2 &= \left.\frac{3(s+3)}{s+1}\right|_{s=-4} = \frac{3(-1)}{-3} = 1 \end{aligned}\right\} \tag{8.2.20}$$

$$F(s) = \frac{2}{s+1} + \frac{1}{s+4} \tag{8.2.21}$$

$$f(t) = (2\mathrm{e}^{-t} + \mathrm{e}^{-4t})u(t) \tag{8.2.22}$$

である．

(2) $D(s) = s(s^2+4s+5)$ の解の一つは $s_1=0$ であり，$s_2=-2+j$, $s_3=-2-j$ である．

$$k_1 = \left.\frac{s^2+10}{s^2+4s+5}\right|_{s=0} = 2 \tag{8.2.23}$$

$$F(s) = \frac{2}{s} - \frac{s+8}{s^2+4s+5} = \frac{2}{s} - \frac{(s+2)+6\cdot 1}{(s+2)^2+1^2} \tag{8.2.24}$$

となり，表 8.2.1 から $f(t)$ が次のように求められる．

$$f(t) = \{2 - \mathrm{e}^{-2t}(\cos t + 6\sin t)\}u(t) \tag{8.2.25}$$

(2) s_j が 2 重に重複した解のときは

$$F_j(s) = \frac{k_{j1}}{s - s_j} + \frac{k_{j2}}{(s - s_j)^2} \tag{8.2.26}$$

と書ける．いま，$F(s)$ に $(s - s_j)^2$ を乗じ，$s = s_j$ とおくと，

$$(s - s_j)^2 F_j(s) = (s - s_j)k_{j1} + k_{j2}$$

で，$(s - s_j)^2 F(s)$ における k_{j2} 以外の項は 0 となり，

$$k_{j2} = (s - s_j)^2 F(s)\big|_{s=s_j}, \qquad k_{j1} = \frac{\mathrm{d}}{\mathrm{d}s}(s - s_j)^2 F(s)\bigg|_{s=s_j} \tag{8.2.27}$$

である．$F_j(s)$ に対する t 関数は

$$f_j(t) = (k_{j1}\mathrm{e}^{s_j t} + k_{j2}t\mathrm{e}^{s_j t})u(t) \tag{8.2.28}$$

である．

8.3 ラプラス変換を用いた回路の過渡解析

まず，時間領域の電圧および電流を，ラプラス変換によりすべて s 関数に変換する．変換された s 領域における電圧および電流に対して，どのような方程式が成立するかを考えてみよう．素子の電圧を $v(t)$，電流を $i(t)$ とし，これらのラプラス変換をそれぞれ $\mathcal{L}\{v(t)\} = V(s)$，$\mathcal{L}\{i(t)\} = I(s)$ とする．

▶ **素子の電圧・電流特性**：素子の電圧 $v(t)$ と電流 $i(t)$ の間にある関係をラプラス変換すると，次のようになる．まず，抵抗については

$$v(t) = Ri(t) \tag{8.3.1}$$

であるから，この式にラプラス変換を適用して次式を得る．

$$V(s) = RI(s) \tag{8.3.2}$$

次に，キャパシタについては

$$i(t) = C\frac{\mathrm{d}v(t)}{\mathrm{d}t} \tag{8.3.3}$$

が成立するので，この式をラプラス変換すると

$$I(s) = sCV(s) - Cv(+0) \tag{8.3.4}$$

を得る．ここに，$v(+0)$ は $v(t)$ の初期値である．この式は

$$V(s) = \frac{I(s)}{sC} + \frac{v(+0)}{s} \tag{8.3.5}$$

と書き直せる．

インダクタについては

$$v(t) = L\frac{\mathrm{d}i(t)}{\mathrm{d}t} \tag{8.3.6}$$

が成立するので，この式をラプラス変換すると

$$V(s) = sLI(s) - Li(+0) \tag{8.3.7}$$

を得る．ここに，$i(+0)$ は $i(t)$ の初期値である．この式は

$$I(s) = \frac{V(s)}{sL} + \frac{i(+0)}{s} \tag{8.3.8}$$

と書き直せる．

▶ **KVL 方程式と KCL 方程式**：時間領域における KVL 方程式，KCL 方程式をラプラス変換してもその形は変わらない．

回路に含まれる閉路に対して KVL 方程式は

$$\text{右回り方向電圧の総和} = \text{左回り方向電圧の総和} \tag{8.3.9}$$

であるが，この式に現れる電圧は s 関数である．双対的に，回路の節点についての KCL 方程式は

$$\text{節点流入電流の総和} = \text{節点流出電流の総和} \tag{8.3.10}$$

であるが，この式に現れる電流は s 関数である．

▶ **過渡解析の基本的手法**：上に得られた s 領域における素子の電圧・電流特性を表す式は，初期値を 0，$s = jw$ とおけば複素数領域における素子の電圧・電流特性を表す式と同じになることに注意しよう．KVL 方程式と KCL 方程式は，複素数領域におけるそれらと同じ形をしている．したがって，これらの方程式を用いる s 領域における解析の基本的な手法は，正弦波定常解析のために複素数領域における手法と同じである．

▶ **RC 回路**：先に，8.1 節において微分方程式を用いて解析した回路を，ラプラス変換

▶ 8.3 ラプラス変換を用いた回路の過渡解析

を用いて解析してみよう．図 8.1.1 の回路に対して，$\mathcal{L}\{v_R(t)\} = V_R(s)$, $\mathcal{L}\{v_C(t)\} = V_C(s)$, $\mathcal{L}\{i_R(t)\} = I_R(s)$, $\mathcal{L}\{i_C(t)\} = I_C(s)$ とする．電圧源の電圧は $Eu(t)$ と表せ，$\mathcal{L}\{Eu(t)\} = E/s$ となることに注意して，式 (8.1.1) から s 領域における KVL 方程式

$$V_C(s) + V_R(s) = \frac{E}{s} \tag{8.3.11}$$

が得られる．KCL 方程式は，式 (8.1.2) から

$$I_R(s) = I_C(s) \tag{8.3.12}$$

である．また，素子の電圧・電流特性は

$$\left.\begin{aligned} V_R(s) &= RI_R(s) \\ I_C(s) &= sCV_C(s) - Cv_{C_0} \end{aligned}\right\} \tag{8.3.13}$$

である．これらの式から $V_C(s)$ 以外を消去する．

$$\begin{aligned} V_R(s) + V_C(s) &= RI_R(s) + V_C(s) \\ &= RI_C(s) + V_C(s) \\ &= R\{sCV_C(s) - Cv_{C_0}\} + V_C(s) \end{aligned}$$

であるから，

$$V_C(s) + sCRV_C(s) - RCv_{C_0} = \frac{E}{s} \tag{8.3.14}$$

を得る．これから，

$$V_C(s) = \frac{E + sCRv_{C_0}}{s(1 + sCR)} = \frac{E}{s} - \frac{E - v_{C_0}}{s + \dfrac{1}{CR}} \tag{8.3.15}$$

が得られる．式 (8.3.15) から時間領域 ($t > 0$) におけるキャパシタ電圧

$$v_C(t) = E - (E - v_{C_0})\mathrm{e}^{-\frac{t}{CR}} \tag{8.3.16}$$

が求められる．

式 (8.3.16) における CR は**時定数**とよばれ，この回路中の電圧・電流の変化の早さを表す重要な指標である．$\mathrm{e}^{-3} \fallingdotseq 0.05$ であるから，時定数のほぼ 3 倍の時間で過渡現象が終わり，その後の定常状態では，$v_C(t)$ は定常値 E をもつことになる．

一般に,キャパシタ1個と抵抗からなる回路の過渡現象は,初期値 $f(+0)$,定常値 $f(\infty)$,時定数 τ がわかれば,

$$f(t) = f(\infty) + \{f(+0) - f(\infty)\}e^{-\frac{t}{\tau}} \tag{8.3.17}$$

という形に書くことができる.

▶ **RL 回路**: 図 8.3.1(a) の回路は,$t = -0$ までに定常状態に達していて,電圧源電圧 e は,図 8.3.1(b) に示されるように,$t < 0$ で $e = E_0$,$t > 0$ で $e = E$ と $t = 0$ の前後で不連続的に変化する.この回路のインダクタ L の電流を $t > 0$ に対して求めてみよう.

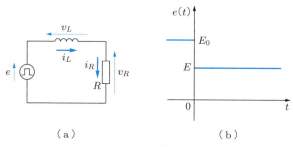

図 8.3.1　RL 回路の過渡解析

まず,インダクタ電流の初期値を求める.直流電源により励振された回路の定常状態では,インダクタの電圧が 0 であるから,図 8.3.1(a) の回路の $t = -0$ においては,抵抗の電圧 $v_R(-0) = e = E_0$,電流 $i_R(-0) = v_R(-0)/R = E_0/R$ となる.したがって,インダクタの電流 $i_L(-0) = i_R(-0) = E_0/R$ である.図 8.3.1(a) の回路は $t > 0$ において,インダクタ電流連続の条件を満たしているので,$i_L(+0) = i_L(-0) = E_0/R$ である.

次に,$t > 0$ 以後の回路に対する電圧源電圧は,$Eu(t)$ と表される(ラプラス変換が適用される時間関数の定義に注意する.$t < 0$ における $e = E_0$ は,初期値に反映される)が,この電圧のラプラス変換は E/s であるから,回路に対する KVL 方程式は

$$V_L(s) + V_R(s) = \frac{E}{s} \tag{8.3.18}$$

である.これに素子特性を代入すると,$i_L(+0) = E_0/R$ だから,

$$sLI_L(s) - \frac{LE_0}{R} + RI_R(s) = \frac{E}{s} \tag{8.3.19}$$

を得る.KCL から $I_L(s) = I_R(s)$ であるから,

$$I_L(s) = \frac{1}{sL+R}\left(\frac{LE_0}{R} + \frac{E}{s}\right)$$

$$= \frac{\dfrac{sE_0}{R} + \dfrac{E}{L}}{s\left(s + \dfrac{R}{L}\right)} = \frac{1}{R}\left(\frac{E}{s} - \frac{E - E_0}{s + \dfrac{R}{L}}\right) \tag{8.3.20}$$

となる．この式を時間領域に逆ラプラス変換して，$t > 0$ における

$$i_L(t) = \frac{1}{R}\{E - (E - E_0)\mathrm{e}^{-\frac{Rt}{L}}\} \tag{8.3.21}$$

を得る．

　この回路の時定数は L/R であり，これが回路の電圧・電流の変化の速さの目安になる．

▶ **RLC 回路**： 図 8.3.2 は RLC 回路の例である．この回路は $t = -0$ において定常状態に達しているとし，$t = 0$ にスイッチ S を開く．抵抗 R の電圧を $t > 0$ に対して求めるが，計算を簡単にするため，検討は

(1) $R^2 = 16L/3C$

(2) $R^2 = 4L/C$

(3) $R^2 = 2L/5C$

の場合について行う．なお，s 領域の変数は大文字で示し，(s) は省略する．

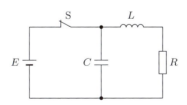

図 8.3.2　RLC 回路の過渡解析 ①

　まず，キャパシタの初期電圧 $v_C(-0)$ とインダクタの初期電流 $i_L(-0)$ を求める．定常状態では，キャパシタの電流とインダクタの電圧は 0 であるから，図 8.3.3(a) の回路から $v_C(-0) = E$，$i_L(-0) = E/R$ である．次に，S を開いた後の回路は，図 8.3.3(b) となり，KVL 方程式は

$$V_C = V_L + V_R \tag{8.3.22}$$

である．回路の網目電流を I とすると，$I_C = -I$，$I_L = I$，$I_R = I$ であるから，素

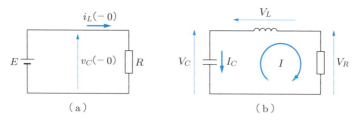

図 8.3.3 　RLC 回路の過渡解析 ②

子の電圧・電流特性を式 (8.3.22) に代入して，

$$-\frac{I}{sC} + \frac{v_C(+0)}{s} = sLI - Li_L(+0) + RI \tag{8.3.23}$$

を得る．これに初期値 $v_C(+0) = v_C(-0) = E$, $i_L(+0) = i_L(-0) = E/R$ を代入して，

$$\left(sL + R + \frac{1}{sC}\right)I = \left(\frac{1}{s} + \frac{L}{R}\right)E \tag{8.3.24}$$

$$V_R = RI = \frac{s + \dfrac{R}{L}}{s^2 + s\dfrac{R}{L} + \dfrac{1}{LC}} E \tag{8.3.25}$$

となる．
　次に，この式の部分分数展開を求めよう．

$$s^2 + s\frac{R}{L} + \frac{1}{LC} = 0 \tag{8.3.26}$$

の解は，$(R/L)^2 - 4/LC$ の正，0，負によって，二つの実数解，重複した解，二つの複素数解となる．

(1) $R^2 = 16L/3C$ の場合：$-R/4L$, $-3R/4L$ という二つの実数解を得るので，

$$V_R = \frac{s + \dfrac{R}{L}}{\left(s + \dfrac{R}{4L}\right)\left(s + \dfrac{3R}{4L}\right)} E = \left(\frac{3}{s + \dfrac{R}{4L}} - \frac{1}{s + \dfrac{3R}{4L}}\right)\frac{E}{2} \tag{8.3.27}$$

から，$t > 0$ において

$$v_R(t) = (3\mathrm{e}^{-\frac{Rt}{4L}} - \mathrm{e}^{-\frac{3Rt}{4L}})\frac{E}{2} \tag{8.3.28}$$

を得る．$v_R(t)$ は非振動的に減衰する．
(2) $R^2 = 4L/C$ の場合：$-R/2L$ という重複した解を得るので，

$$V_R = \frac{s + \dfrac{R}{L}}{\left(s + \dfrac{R}{2L}\right)^2} E = \left\{ \frac{1}{s + \dfrac{R}{2L}} + \frac{\dfrac{R}{2L}}{\left(s + \dfrac{R}{2L}\right)^2} \right\} E \tag{8.3.29}$$

から，$t > 0$ において

$$v_R(t) = \left(1 + \frac{R}{2L} t\right) e^{-\frac{Rt}{2L}} E \tag{8.3.30}$$

を得る．$v_R(t)$ は非振動的に減衰するが，このような重複した解（実数）の場合の減衰を**臨界的減衰**という．

(3) $R^2 = 2L/5C$ の場合：式 (8.3.26) は二つの複素数解をもつ．

$$V_R = \frac{s + \dfrac{R}{L}}{\left(s + \dfrac{R}{2L}\right)^2 + \left(\dfrac{3R}{2L}\right)^2} E = \frac{s + \dfrac{R}{2L} + \dfrac{1}{3} \cdot \dfrac{3R}{2L}}{\left(s + \dfrac{R}{2L}\right)^2 + \left(\dfrac{3R}{2L}\right)^2} E \tag{8.3.31}$$

となる．これから $t > 0$ における時間関数

$$v_R(t) = \left(\cos \frac{3Rt}{2L} + \frac{1}{3} \sin \frac{3Rt}{2L}\right) e^{-\frac{Rt}{2L}} E \tag{8.3.32}$$

を得る．$v_R(t)$ は振動的に減衰する．

スイッチを開いた後に得られる図 8.3.3(b) の回路は励振電源を含まない．このような回路における過渡現象は励振電源に依存せず，その回路固有のものである．一般的には，電圧・電流が振動的に変化するので，非振動的な場合も含めて，励振電源に依存しない現象を**固有振動**あるいは**自由振動**とよぶ．s 領域における電圧・電流が式 (8.2.16) のような s の有理関数で与えられた場合，固有振動がどのようなものであるかは

$$D(s) = 0 \quad (\text{有理関数の分母多項式} = 0) \tag{8.3.33}$$

の解に依存する．したがって，式 (8.3.33) を**固有方程式**という．

8.4 過渡現象の節点解析と網目解析

過渡現象に対する節点解析と網目解析は，正弦波定常解析の複素数領域における節点解析と網目解析と同じような手順で行える．基礎となる方程式は，s 領域における KVL 方程式，KCL 方程式，素子の電圧・電流特性である．

▶ **節点方程式**：節点方程式は，節点に対する KCL 方程式から出発するのであるが，

素子の電圧・電流特性は，初期値に関する項も含むので，素子の電圧・電流特性により変数消去を行った際に，初期値に関する項も方程式に含まれてくる．このような初期値に関する項は右辺に移項して，節点電圧に対する方程式を導くことになる．8.3 節で見たように，初期値に関する項を除けば，s 領域における素子電圧・電流特性は複素数領域におけるそれと同じ形をしているので，上のようにして得られる節点方程式の左辺は，$s = j\omega$ とおけば，複素数領域における節点方程式の左辺とまったく同じ形をしている．したがって，s 領域における節点方程式の左辺は，複素数領域における節点方程式を求めたのと同じ規則により，回路から直接的に導ける．

節点方程式に初期値に関する項がどのように現れるか考えてみよう．節点方程式がある節点 n に注目して導かれたとする．素子電流は KCL 方程式の左辺に含まれる．キャパシタ電流は式 (8.3.4) で与えられるので，節点 n に接続されるキャパシタの電圧の初期値が左辺に $-Cv_C(+0)$ の形で現れる．ただし，節点 n の節点電圧の方向と初期電圧の方向が一致するとする．また，インダクタの電流は式 (8.3.8) で与えられるので，インダクタ電流の初期値が，左辺に $+i_L(+0)/s$ の形で現れる．ただし，節点 n の節点電圧の方向と初期電流の方向が反対であるとする（素子値が正なら，素子電圧と素子電流の方向は反対になる）．初期値に関する項を右辺に移して，次の結果を得る．

> **節点方程式の右辺の初期値項**
>
> 節点 n に接続されるキャパシタの電圧の初期値が $Cv_C(+0)$，インダクタ電流の初期値が $i_L(+0)/s$ の形で現れる．ただし，その符号は，節点 n の節点電圧の方向と初期電圧あるいは初期電流の方向が一致するときに +，反対のときに − になる．

電流源の電流も節点方程式の右辺に現れるが，その符号は，節点 n の節点電圧の方向と電流源電流の方向が一致するときに +，反対のときに − になる．

例題 8.4.1 図 8.4.1 の回路における節点電圧 V_1, V_2 に対する節点方程式を導け．

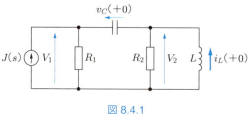

図 8.4.1

解 二つの節点に対する KCL 方程式に素子電圧・電流特性，および素子電圧と節点電圧の関係を代入する．キャパシタ電圧は左側節点については $V_1 - V_2$，右側節点について

は $V_2 - V_1$ であることに注意して,

$$\underbrace{\frac{V_1}{R_1}}_{R_1 \text{の電流}} + \underbrace{sC(V_1 - V_2) - Cv_C(+0)}_{C \text{の電流}} = J(s) \left.\begin{array}{l} \\ \\ \underbrace{sC(V_2 - V_1) + Cv_C(+0)}_{C \text{の電流}} + \underbrace{\frac{V_2}{R_2}}_{R_2 \text{の電流}} + \underbrace{\frac{V_2}{sL} - \frac{i_L(+0)}{s}}_{L \text{の電流}} = 0 \end{array}\right\} \quad (8.4.1)$$

を得る. これを整理すると,

$$\begin{bmatrix} \dfrac{1}{R_1} + sC & -sC \\ -sC & sC + \dfrac{1}{R_2} + \dfrac{1}{sL} \end{bmatrix} \begin{bmatrix} V_1 \\ V_2 \end{bmatrix} = \begin{bmatrix} J(s) + Cv_C(+0) \\ -Cv_C(+0) + \dfrac{i_L(+0)}{s} \end{bmatrix} \quad (8.4.2)$$

となる. (**注**:上式は素子の接続状態から直接的にも導ける.)

▶ **網目方程式**:網目方程式は,網目に対する KVL 方程式から出発するのであるが,節点方程式の場合と同様,初期値に関する項を右辺に移項して得られる網目方程式の左辺は,$s = j\omega$ とおけば,複素数領域における網目方程式の左辺とまったく同じ形をしている. したがって,複素数領域における網目方程式を求めたときと同じ規則により,回路から直接的に網目方程式の左辺を導ける.

網目方程式に初期値に関する項がどのように現れるかは,節点方程式の場合と双対的に考えればよい.

網目方程式の右辺の初期値項

網目 m に接続されるキャパシタの電圧の初期値が $v_C(+0)/s$,インダクタ電流の初期値が $Li_L(+0)$ の形で現れる. ただし,その符号は,網目 m の網目電流の方向と初期電圧,あるいは初期電流の方向が一致するときに +,反対のときに − になる.

電圧源の電圧も網目方程式の右辺に現れるが,その符号は,網目 m の網目電流の方向と電圧源電圧の方向が一致するときに +,反対のときに − になる.

▶ **例題 8.4.2** 図 8.4.2 の回路における網目電流 I_1, I_2 に対する網目方程式を求めよ.
解 二つの網目に対する KVL 方程式に,素子電圧・電流特性および素子電流と網目電流の関係を代入する. キャパシタ電流は左側網目では $I_1 - I_2$,右側網目では $I_2 - I_1$ であることに注意して,

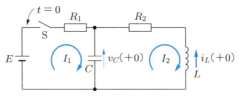

図 8.4.2

$$\left.\begin{array}{l} \underbrace{R_1 I_1}_{R_1 の電圧} + \underbrace{\dfrac{I_1 - I_2}{sC} + \dfrac{v_C(+0)}{s}}_{C の電圧} = \dfrac{E}{s} \\ \underbrace{\dfrac{I_2 - I_1}{sC} - \dfrac{v_C(+0)}{s}}_{C の電圧} + \underbrace{R_2 I_2}_{R_2 の電圧} + \underbrace{sLI_2 + Li_L(+0)}_{L の電圧} = 0 \end{array}\right\} \quad (8.4.3)$$

を得る. これを整理すると,

$$\begin{bmatrix} R_1 + \dfrac{1}{sC} & -\dfrac{1}{sC} \\ -\dfrac{1}{sC} & sL + R_2 + \dfrac{1}{sC} \end{bmatrix} \begin{bmatrix} I_1 \\ I_2 \end{bmatrix} = \begin{bmatrix} \dfrac{E}{s} - \dfrac{v_C(+0)}{s} \\ \dfrac{v_C(+0)}{s} - Li_L(+0) \end{bmatrix} \quad (8.4.4)$$

となる.（**注**：上式は素子の接続状態から直接的にも導ける.）

8.5 章末例題

例題 8.5.1 図 8.5.1 の回路は, $t = -0$ において定常状態に達しているとする. $t = 0$ において,（1）スイッチ S_1 を閉じたとき（スイッチ S_2 は閉じたまま), インダクタの電圧はどのように変化するか.（2）スイッチ S_2 を開いたとき（スイッチ S_1 は開いたまま), キャパシタの電流はどのように変化するか.

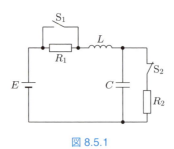

図 8.5.1

解 (1),(2) いずれの場合も,スイッチの開閉後の回路は,キャパシタ電圧連続の条件とインダクタ電流連続の条件を満足するので,$t = 0$ においてキャパシタ電圧とインダクタ電流は連続である.したがって,$t = +0$ においては図 8.5.2 のように,キャパシタを電圧源,インダクタを電流源とみなしてよい.

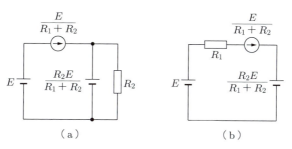

図 8.5.2

(1) 図 8.5.2(a) の回路から,

$$v_L(+0) = E - \frac{R_2 E}{R_1 + R_2} = \frac{R_1 E}{R_1 + R_2} \tag{8.5.1}$$

を得る.ところが,$v_L(-0) = 0$ だから,インダクタ電圧は $t = 0$ で不連続である.

(2) 図 8.5.2(b) の回路から,

$$i_C(+0) = \frac{E}{R_1 + R_2} \tag{8.5.2}$$

を得る.ところが,$i_C(-0) = 0$ だから,キャパシタ電流は $t = 0$ で不連続である.

例題 8.5.2 図 8.5.3 の相互誘導回路の s 領域における特性を示せ.

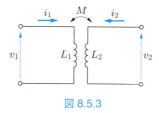

図 8.5.3

解 端子対電圧,端子対電流のラプラス変換を $\mathcal{L}\{v_1\} = V_1$, $\mathcal{L}\{v_2\} = V_2$, $\mathcal{L}\{i_1\} = I_1$, $\mathcal{L}\{i_2\} = I_2$ とすると,

$$\left. \begin{array}{l} v_1 = L_1 \dfrac{di_1}{dt} + M \dfrac{di_2}{dt} \\ v_2 = M \dfrac{di_1}{dt} + L_2 \dfrac{di_2}{dt} \end{array} \right\} \tag{8.5.3}$$

から以下を得る.

$$V_1 = sL_1I_1 + sMI_2 - L_1i_1(+0) - Mi_2(+0) \\ V_2 = sMI_1 + sL_2I_2 - Mi_1(+0) - L_2i_2(+0)\}\quad(8.5.4)$$

例題 8.5.3 図 8.5.4 の回路は，$t = -0$ において定常状態に達していて，スイッチ S が $t = 0$ に開かれる．この回路の $t > 0$ に対する網目方程式を求めよ．

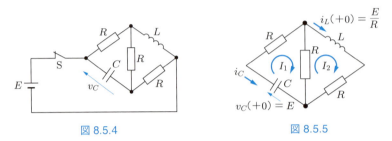

図 8.5.4　　　図 8.5.5

解 スイッチが開かれる前の回路から，$t = -0$ における初期値を求める．直流定常状態ではキャパシタ電流 $= 0$，インダクタ電圧 $= 0$ であるから，キャパシタを開放除去し，インダクタを短絡除去した回路から，キャパシタ電圧の初期値 $v_C(-0) = E$，インダクタ電流の初期値 $i_L(-0) = E/R$ が得られる（右側二つの抵抗の電圧 $= 0$，電流 $= 0$ に注意）．スイッチ S が開かれた後の回路では，キャパシタ電圧連続とインダクタ電流連続の条件が満たされているので，$v_C(+0) = v_C(-0) = E$，$i_L(+0) = i_L(-0) = E/R$ である．網目方程式は図 8.5.5 の回路から次のようになる．

$$\begin{bmatrix} 2R + \dfrac{1}{sC} & -R \\ -R & 2R + sL \end{bmatrix} \begin{bmatrix} I_1 \\ I_2 \end{bmatrix} = \begin{bmatrix} \dfrac{E}{s} \\ \dfrac{LE}{R} \end{bmatrix} \quad(8.5.5)$$

例題 8.5.4 図 8.5.4 の回路において $L = 10CR^2$ であるとき，$t > 0$ におけるキャパシタ C の電圧 $v_C(t)$ を求めよ．

解 式 (8.5.5) から I_1 を求めると，

$$I_1 = \frac{\dfrac{E}{s}(2R+sL) + \dfrac{LE}{R}R}{\left(2R + \dfrac{1}{sC}\right)(2R+sL) - R^2} = \frac{2EC(R+sL)}{2s^2LCR + s(3CR^2 + L) + 2R} \quad (8.5.6)$$

である．キャパシタ電流 $I_C = -I_1$ であることに注意して V_C を求めると，

$$V_C = -\frac{I_1}{sC} + \frac{E}{s} = \frac{E(2sLCR + 3CR^2 - L)}{2s^2LCR + s(3CR^2 + L) + 2R} \tag{8.5.7}$$

が得られる（このときには，s 領域のキャパシタの電圧と電流の関係を用いるので，初期値が含まれることに注意）．これに $L = 10CR^2$ を代入して，

$$V_C = \frac{ECR(20sCR - 7)}{20s^2C^2R^2 + 13sCR + 2} = \frac{ECR(20sCR - 7)}{(4sCR + 1)(5sCR + 2)}$$
$$= \frac{E\left(s - \dfrac{7}{20CR}\right)}{\left(s + \dfrac{1}{4CR}\right)\left(s + \dfrac{2}{5CR}\right)} = E\left(\frac{5}{s + \dfrac{2}{5CR}} - \frac{4}{s + \dfrac{1}{4CR}}\right) \tag{8.5.8}$$

と得る．これから，$t > 0$ における時間関数が次式のように得られる．

$$v_C(t) = E(5\mathrm{e}^{-\frac{2t}{5CR}} - 4\mathrm{e}^{-\frac{t}{4CR}}) \tag{8.5.9}$$

演習問題

8.1 次に示す関数のラプラス変換を求めよ．
 (1) e^{-3t} (2) $t\mathrm{e}^{-3t}$ (3) $\mathrm{e}^{-3t}\sin 5t$ (4) $\mathrm{e}^{-t}(2\cos 4t - \sin 4t)$

8.2 次に示す関数の逆ラプラス変換を求めよ．
 (1) $\dfrac{8}{(s+2)(s+6)}$ (2) $\dfrac{2s}{(s+1)(s+2)(s+3)}$
 (3) $\dfrac{s+6}{s^2+4s+8}$ (4) $\dfrac{1}{(s+1)(s+2)^2}$

8.3 次の微分方程式のラプラス変換を求めよ．
 (1) $\dfrac{\mathrm{d}^2 f}{\mathrm{d}t^2} + f = 2, \quad f(+0) = 1, \quad f^{(1)}(+0) = 3$
 (2) $\dfrac{\mathrm{d}^2 f}{\mathrm{d}t^2} + 3\dfrac{\mathrm{d}f}{\mathrm{d}t} + f = \sin t, \quad f(+0) = 1, \quad f^{(1)}(+0) = 1$

8.4 問図 8.1 に示す回路において，スイッチ S を $t = 0$ に閉じる．このときの $v_C(t)$ を $t > 0$ について求めよ．ただし，$v_C(-0) = E/3$ とする．

8.5 問図 8.2 に示す回路において，スイッチ S を $t = 0$ に開く．このときの $v_C(t)$ を $t > 0$ について求めよ．ただし，回路は $t = -0$ において定常状態にあるとする．

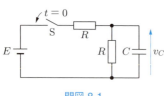

問図 8.1

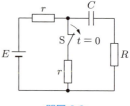

問図 8.2

8.6 問図 8.3 に示す回路に対する s 領域節点方程式を導け．

8.7 問図 8.4 に示す回路に対する s 領域網目方程式を導け．

8.8 問図 8.4 に示す回路に対する s 領域修飾節点方程式を導け．

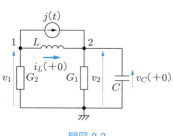

問図 8.3

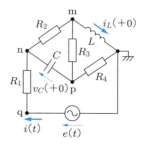

問図 8.4

演習問題略解

▶ **1章**

1.1 $R_1 i_1 = -v$, $R_2 i_2 = v$, $i_3 = G_3 v$, $i_4 = -G_4 v$

1.3 $v_1 + v = E_1$, $v - v_2 = E_2$, $i_1 - i_2 = -J$ など

1.4 $i_1 = \dfrac{1}{R_1 + R_2}(E_1 - E_2 - R_2 J)$, $i_2 = \dfrac{1}{R_1 + R_2}(E_1 - E_2 + R_1 J)$

1.5 $E_T = \dfrac{R_3 E}{R_2 + R_3}$, $R_T = \dfrac{R_2 R_3}{R_2 + R_3}$ **1.6** $J_N = \dfrac{E}{R_2}$, $G_N = \dfrac{R_2 + R_3}{R_2 R_3}$

1.7 $E_T = E + RJ$, $R_T = R$, $J_N = \dfrac{E}{R} + J$ **1.9** $R_1 : R_2 : R_3 = 2 : 3 : 6$

1.11 $r = \sqrt{R_b(R_b - R_a)}$, $R = R_a \sqrt{\dfrac{R_b}{R_b - R_a}}$ **1.13** テブナン等価回路を用いよ.

1.14 (1) $i = i_L = E/R_1$ (2) $v = v_C = R_1 J$

▶ **2章**

2.1 (3) $-\dfrac{5\pi}{6}$ (4) $\dfrac{\pi}{4}$ **2.4** (b) $Y = \{5(1-2j) + 40j\} \times 10^{-4}$

2.7 (1) $V = 8j/\sqrt{2} = 8\mathrm{e}^{j\frac{\pi}{2}}/\sqrt{2}$, $I = 2\mathrm{e}^{j\frac{\pi}{6}}/\sqrt{2}$ から $Z = 4\mathrm{e}^{j\frac{\pi}{3}}$ となる.

2.8 $\sqrt{L/C(1 - \omega^2 LC)}$ **2.10** $C_1 R_1 / R_2$

2.12 解図 2.1 参照

2.13 解図 2.2 参照

2.14 $2\omega^2 LC = 1$, 解図 2.3 参照

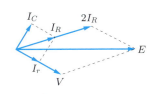

解図 2.1

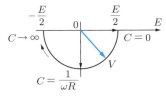

解図 2.2

解図 2.3

2.15 並列共振: $f_r = 15.9\,\mathrm{kHz}$, $Q = 100$, $f_b = 159\,\mathrm{Hz}$

2.16 (a) $\dfrac{1}{2\pi}\sqrt{\dfrac{C_1 + C_2}{LC_1 C_2}}$ (b) $\dfrac{1}{2\pi}\dfrac{1}{\sqrt{(L_1 + L_2)C}}$

2.17 $P_{\text{comp}} = \dfrac{R_2(1-j\omega CR_1)|J|^2}{1-j\omega C(R_1+R_2)}$ から計算せよ.

2.18 $P_{\text{comp}} = \dfrac{j\omega C(R+j\omega L)|E|^2}{R(1-\omega^2 LC)+j\omega L}$ から計算せよ. $C = (R^2+\omega^2 L^2)/\omega^2 LR^2$

▶ 3章

3.1 (a) $5 + 2\sqrt{10}\sin(10^5 t - 26.6°)$ (b) $3 + 2\sqrt{2}\sin(10^5 t - 36.9°)$
(c) $5 + 2\sqrt{10}\sin(10^5 t + 26.6°)$

3.2 (a) $E_T = \dfrac{(R_2+j\omega L)E}{R_1+R_2+j\omega L}$, $Z_T = \dfrac{R_1(R_2+j\omega L)}{R_1+R_2+j\omega L}$, $J_N = \dfrac{E}{R_1}$
(b) $E_T = \dfrac{j\omega CJ}{G_1 G_2 + j\omega C(G_1+G_2)}$, $Z_T = \dfrac{G_1+j\omega C}{G_1 G_2 + j\omega C(G_1+G_2)}$,
$J_N = \dfrac{j\omega CJ}{G_1+j\omega C}$

3.3 $E_T = 12\,\text{V}$, $Z_T = 188 - 98j$

3.4 (a) $Z_\alpha = R(3+j\omega CR)$, $Z_\beta = Z_\gamma = \dfrac{(3+j\omega CR)R}{1+j\omega CR}$
(b) $Z_\alpha = \dfrac{3-2\omega^2 LC}{j\omega C(1-\omega^2 LC)}$, $Z_\beta = Z_\gamma = \dfrac{3-2\omega^2 LC}{j\omega C}$

3.5 (a) $Y_a = \dfrac{1+3j\omega CR}{j\omega CR^2}$, $Y_b = Y_c = \dfrac{1+3j\omega CR}{R(1+j\omega CR)}$
(b) $Y_a = \dfrac{j\omega C(2-3\omega^2 LC)}{1-\omega^2 LC}$, $Y_b = Y_c = \dfrac{2-3\omega^2 LC}{j\omega L}$

3.6 $R_4 = R_2 R_3/R_1$, $L_4 = L_2 R_3/R_1$ **3.7** $R_1 = R_2 C_4/C_3$, $C_1 = C_3 R_4/R_2$

3.8 $L/C = R^2$

3.10 (a) $L = \dfrac{1}{\omega}\sqrt{R_0(R_L-R_0)}$, $C = \dfrac{1}{\omega R_L}\sqrt{\dfrac{R_L-R_0}{R_0}}$
(b) $L = \dfrac{R_L}{\omega}\sqrt{\dfrac{R_0}{R_L-R_0}}$, $C = \dfrac{1}{\omega\sqrt{R_0(R_L-R_0)}}$

3.11 $60 + 275/13 + 18 =$ 約 $99\,\text{W}$ **3.12** $\dfrac{E^2}{R} + \dfrac{R|V|^2}{R^2(1-\omega^2 LC)^2 + \omega^2 L^2}$

▶ 4章

4.1 (a) $\begin{bmatrix} G_1+G_2+j\omega C_1 & -G_2-j\omega C_1 \\ -G_2-j\omega C_1 & G_2+j\omega(C_1+C_2) \end{bmatrix} \begin{bmatrix} V_m \\ V_n \end{bmatrix} = \begin{bmatrix} J \\ 0 \end{bmatrix}$

4.2 (a) $\begin{bmatrix} R_1+R_2+j\omega L & -R_2 \\ -R_2 & R_2+R_3+\dfrac{1}{j\omega C} \end{bmatrix} \begin{bmatrix} I_a \\ I_b \end{bmatrix} = \begin{bmatrix} E \\ 0 \end{bmatrix}$

▶ 演習問題略解

4.3 (a) $\begin{bmatrix} \dfrac{1}{R_1}+\dfrac{1}{j\omega L} & -\dfrac{1}{j\omega L} & 0 \\ -\dfrac{1}{j\omega L} & \dfrac{1}{R_2}+\dfrac{1}{R_3}+\dfrac{1}{j\omega L} & -\dfrac{1}{R_3} \\ 0 & -\dfrac{1}{R_3} & \dfrac{1}{R_3}+j\omega C \end{bmatrix} \begin{bmatrix} V_n \\ V_p \\ V_q \end{bmatrix} = \begin{bmatrix} \dfrac{E}{R_1} \\ 0 \\ 0 \end{bmatrix}$

4.4 (a) $\dfrac{1}{R_1}V_m - \dfrac{1}{R_1}V_n = I, \quad -\dfrac{1}{R_1}V_m + \left(\dfrac{1}{R_1}+\dfrac{1}{j\omega L}\right)V_n - \dfrac{1}{j\omega L}V_p = 0$

$-\dfrac{1}{j\omega L}V_n + \left(\dfrac{1}{R_2}+\dfrac{1}{R_3}+\dfrac{1}{j\omega L}\right)V_p - \dfrac{1}{R_3}V_q = 0$

$-\dfrac{1}{R_3}V_p + \left(\dfrac{1}{R_3}+j\omega C\right)V_q = 0, \quad V_m = E$

4.6 $(R_1+j\omega L)I_a = E - V_a, \quad \left(\dfrac{1}{R_2}+j\omega C\right)V_a = J + I_\alpha$

4.8 $R_1 I_\alpha = E - V_a, \quad (R_2+j\omega L)I_\beta = V_b$
$(G_3+j\omega C_1+j\omega C_3)V_a - (G_3+j\omega C_3)V_b = I_\alpha$
$-(G_3+j\omega C_3)V_a + (G_3+j\omega C_2+j\omega C_3)V_b = J - I_\beta \quad$（ただし，$G_3 = 1/R_3$）

▶ 5 章

5.1 $\dfrac{-\omega^2(LL_2+L_1L_2-M^2)+j\omega L_2 R}{R+j\omega(L+L_1+L_2-2M)}$ 　　5.2 $M^2 = L_1 L_2$

5.3 $M = C_2 R_3 R_4, \quad (R_4+R_5)M = R_4 L_7$ 　　5.4 $\dfrac{j\omega LR}{Rn_1{}^2 + j\omega L n_2{}^2}$

5.5 (b) $\begin{bmatrix} G_1+j\omega C & -j\omega C & 0 \\ -j\omega C(1+K) & G_2+G_3+j\omega C(1+K) & -G_3 \\ j\omega CK & -G_3-j\omega CK & G_3+G_4 \end{bmatrix} \begin{bmatrix} V_a \\ V_b \\ V_c \end{bmatrix} = \begin{bmatrix} J \\ 0 \\ 0 \end{bmatrix}$

5.6 (a) $-\dfrac{R_2 K}{R_1+(K+1)/j\omega C}$ 　(b) $\dfrac{R_3(R_2+r)}{R_1(r+R_2)+(R_1+R_2)(R_3+1/j\omega C)}$

▶ 6 章

6.1 (a) $Y_0 = G + j\omega C = 1/Z_0$ とする．

$Y = \begin{bmatrix} \dfrac{1}{j\omega L} & -\dfrac{1}{j\omega L} \\ -\dfrac{1}{j\omega L} & Y_0 + \dfrac{1}{j\omega L} \end{bmatrix}, \quad Z = \begin{bmatrix} j\omega L + Z_0 & Z_0 \\ Z_0 & Z_0 \end{bmatrix}$

$H = \begin{bmatrix} j\omega L & 1 \\ -1 & Y_0 \end{bmatrix}, \quad F = \begin{bmatrix} 1+j\omega L Y_0 & j\omega L \\ Y_0 & 1 \end{bmatrix}$

6.2 (a) 式 (6.4.13), (6.4.15), (6.4.20) と式 (6.4.19) を用いよ．

6.3 (a) $E_T = -EY_{21}/Y_{22}, \quad J_N = -Y_{21}E, \quad Y_N = Y_{22}$
(b) $E_T = Z_{21}J, \quad J_N = JZ_{21}/Z_{22}, \quad Z_T = Z_{22}$
(c) $E_T = J/C, \quad J_N = J/D, \quad Z_T = D/C$

196 ▶ 演習問題略解

6.4 $Y = \begin{bmatrix} G_1 + G_2 & G_1 - G_2 \\ G_1 - G_2 & G_1 + G_2 \end{bmatrix}$, $Z = \dfrac{1}{4G_1G_2} \begin{bmatrix} G_1 + G_2 & G_2 - G_1 \\ G_2 - G_1 & G_1 + G_2 \end{bmatrix}$

$H = \dfrac{1}{G_1 + G_2} \begin{bmatrix} 1 & G_2 - G_1 \\ G_1 - G_2 & 4G_1G_2 \end{bmatrix}$, $F = \dfrac{1}{G_2 - G_1} \begin{bmatrix} G_1 + G_2 & 1 \\ 4G_1G_2 & G_1 + G_2 \end{bmatrix}$

▶ **7章**

7.2 (b) $\alpha = \dfrac{R}{R + j\left(\omega L - \dfrac{1}{\omega C}\right)}$, 共振曲線図 2.7.3 参照.

7.3 $\omega = 1/\sqrt{LC}$, $X_n = n\omega L - \dfrac{1}{n\omega C}$ として

$$\sum_{n=1}^{\infty} \dfrac{2(-1)^{n+1}}{\pi n} \dfrac{R}{\sqrt{R^2 + X_n^2}} \sin(n\omega t - \theta_n) \quad \left(\text{ただし}, \theta_n = \tan^{-1} \dfrac{X_n}{R}\right)$$

である. 基本波については $X_1 = 0$, $V_2 = V_1$ となる.

▶ **8章**

8.1 (4) $\dfrac{2(s+1) - 4}{(s+1)^2 + 4^2}$ **8.2** (3) $e^{-2t}(\cos 2t + 2\sin 2t)$ (4) $e^{-t} - e^{-2t}(t+1)$

8.3 (2) $(s^2 + 3s + 1)F(s) = \dfrac{1}{s^2 + 1} + s + 4$

8.4 $\left(\dfrac{2}{R} + sC\right) V_C = \dfrac{E}{Rs} + Cv_C(+0)$ から $v_C = E\left(\dfrac{1}{2} - \dfrac{1}{6}e^{-\frac{2t}{CR}}\right)$ を得る.

8.5 $v_C(+0) = v_C(-0) = 0.5E$, $v_C(+\infty) = E$, $v_C = E(1 - 0.5e^{-\frac{t}{(r+R)C}})$

8.6 $\begin{bmatrix} G_2 + \dfrac{1}{sL} & -\dfrac{1}{sL} \\ -\dfrac{1}{sL} & G_1 + \dfrac{1}{sL} + sC \end{bmatrix} \begin{bmatrix} V_1 \\ V_2 \end{bmatrix} = \begin{bmatrix} -J(s) - \dfrac{i_L(+0)}{s} \\ J(s) + Cv_C(+0) + \dfrac{i_L(+0)}{s} \end{bmatrix}$

8.7 $\begin{bmatrix} R_1 + R_4 + \dfrac{1}{sC} & -\dfrac{1}{sC} & -R_4 \\ -\dfrac{1}{sC} & R_2 + R_3 + \dfrac{1}{sC} & -R_3 \\ -R_4 & -R_3 & R_3 + R_4 + sL \end{bmatrix} \begin{bmatrix} I_1 \\ I_2 \\ I_3 \end{bmatrix} = \begin{bmatrix} E(s) - \dfrac{v_C(+0)}{s} \\ \dfrac{v_C(+0)}{s} \\ Li_L(+0) \end{bmatrix}$

8.8 $\left(\dfrac{1}{R_2} + \dfrac{1}{R_3} + \dfrac{1}{sL}\right) V_m - \dfrac{1}{R_2} V_n - \dfrac{1}{R_3} V_p = -\dfrac{i_L(+0)}{s}$

$-\dfrac{1}{R_2} V_m + \left(\dfrac{1}{R_1} + \dfrac{1}{R_2} + sC\right) V_n - sCV_p - \dfrac{1}{R_1} V_q = Cv_C(+0)$

$-\dfrac{1}{R_3} V_m - sCV_n + \left(\dfrac{1}{R_3} + \dfrac{1}{R_4} + sC\right) V_p = -Cv_C(+0)$

$-\dfrac{1}{R_1} V_n + \dfrac{1}{R_1} V_q = I(s)$, $\quad V_q = E(s)$

索　引

▶ 英数字

Δ-Y 変換　85
1 端子対回路　15
2 端子対回路　15
4 端子行列　151
4 端子定数　151
F 行列　151
H 行列　150
KCL 方程式　4, 9
KVL 方程式　4, 8
Q　57
RLC 回路　76
RLCM 回路　128
s 関数　173
t 関数　173
Y 行列　145
Z 行列　145

▶ あ 行

アドミタンス行列　145
網目電流　114
網目方程式　114, 115, 187
位相の進み・遅れ　33
インダクタ　6, 38, 180
インパルス関数　174
インピーダンス・インバータ　141
インピーダンス行列　145
インピーダンス・コンバータ　133
ウィーン・ブリッジ　91
演算のチェック　49
オームの法則　3

▶ か 行

開放駆動点インピーダンス　149
開放伝達インピーダンス　149
回路解析　3
回路図　2
回路の正弦波定理　32
回路網トポロジー　3
重ね合わせの理　16, 77, 97
カットセット解析　119
過渡現象　10
基本波　161
キャパシタ　6, 38, 179
キャンベルのブリッジ回路　140
共振　55
共振曲線　56
強制振動　55
キルヒホフの電圧平衡則　8
キルヒホフの電流保存則　9
結合係数　128
ケーリー・フォスタ・ブリッジ　143
高域フィルタ　164
合成抵抗　12
交流オームの法則　39
固有振動　55, 185
固有電力　95
固有方程式　185
混合解析　119
コンダクタンス　5
コンダクタンス分　45

▶ さ 行

サセプタンス分　45
シェーリング・ブリッジ　106
時間不変性　77
実効値　32, 162
時定数　181
遮断周波数　58
修飾節点方程式　113
縦続行列　151
縦続接続　153
周波数成分　160

周波数特性　160
受動性　77
初期値　170
スイッチ　169
ステップ関数　173
制御電源　136
正弦波　31
整合　93
節点　8
節点方程式　108, 185
尖鋭度　57
線形性　76
相互インダクタンス　128
相互誘導回路　127
双対　21
相反定理　83
素子　1

▶た 行

第 n 高調波　161
帯域幅　59
短絡駆動点アドミタンス　148
短絡伝達アドミタンス　148
直並列回路　48
直流分　161
直列共振　55
直列接続　12
低域フィルタ　164
抵抗　5, 38
抵抗分　45
定常現象　11
定抵抗回路　93
テブナン等価回路　17, 81
電圧拡大率　57
電圧源　7
電圧・電流特性　3
電圧分割回路　20
電流源　7
電流分割回路　20
電力　2, 60

▶な 行

内部アドミタンス　95

内部インピーダンス　94
ノートン等価回路　19, 81

▶は 行

ハイブリッド行列　150
ひずみ波　160
皮相電力　63
フィルタ　164
フェーザ軌跡　51
フェーザ図　51
負荷　94
複素アドミタンス　44
複素イミタンス　45
複素インピーダンス　44
複素数表示　36
複素電力　63
フーリエ級数展開　160
ブリッジ回路　90
平均電力　62
ヘイ・ブリッジ　92
並列共振　59
並列接続　13
閉路　8
閉路解析　119
帆足－ミルマンの定理　103
ホイートストーン・ブリッジ　91

▶ま 行

マクスウェル・ブリッジ　106
密結合　128
無効電力　63
モデル化　2

▶や 行

有効電力　63

▶ら 行

ラプラス変換　173
リアクタンス分　45
力率　63
理想変成器　132
臨界的減衰　185

著者略歴

小澤 孝夫（おざわ・たかお）
- 1957 年　京都大学工学部電気工学科卒業
- 1957 年　日本電気株式会社入社
　　　　　コンピュータの研究に従事．
- 1958 年　スタンフォード大学大学院入学
- 1963 年　スタンフォード大学 Ph.D.
- 1965 年　京都大学工学部助教授
- 1976 年　京都大学工学博士
- 1990 年　龍谷大学理工学部教授
　　　　　電気回路，グラフ・ネットワーク，コンピュータ・アルゴリズムの研究に従事．
- 2003 年　龍谷大学退職
- 2006 年　龍谷大学名誉教授
　　　　　現在に至る

編集担当　福島崇史（森北出版）
編集責任　富井　晃（森北出版）
組　　版　藤原印刷
印　　刷　同
製　　本　同

電気回路を理解する（第 2 版）　　　© 小澤孝夫　2015

2014 年 8 月 28 日　第 1 版第 1 刷発行　　【本書の無断転載を禁ず】
2015 年 8 月 31 日　第 2 版第 1 刷発行
2022 年 2 月 22 日　第 2 版第 6 刷発行

著　者　小澤孝夫
発行者　森北博巳
発行所　森北出版株式会社
　　　　東京都千代田区富士見 1-4-11（〒102-0071）
　　　　電話 03-3265-8341／FAX 03-3264-8709
　　　　https://www.morikita.co.jp/
　　　　日本書籍出版協会・自然科学書協会　会員
　　　　JCOPY ＜（一社）出版者著作権管理機構　委託出版物＞

落丁・乱丁本はお取替えいたします．

Printed in Japan／ISBN978-4-627-71212-6

図書案内　森北出版

続・電気回路を理解する
　－POD版－

小澤孝夫／著

A5判・168頁
定価 2,600円+税
ISBN 978-4-627-71229-4

基礎から実用的な回路の手法への橋渡しとなる教科書，参考書．基本的な法則から解説し，電気・電子機器や通信網，電力網において用いられる実用的な電気回路が学習できる．
※本書は，昭晃堂から1998年に発行したものを，森北出版から継続して発行したものです．

目次

電気回路解析の基礎／電気回路の状態方程式／伝送線路の基礎方程式／伝送線路における過渡現象／伝送線路における正弦波定常現象／3相交流回路

※定価は2015年8月現在

弊社Webサイトからもご注文できます
http://www.morikita.co.jp/